Franz Volkmar Reinhard

Über die Grundsütze und die Natur des Schünen

1. Band

Franz Volkmar Reinhard

Über die Grundsütze und die Natur des Schünen
1. Band

ISBN/EAN: 9783743461697

Hergestellt in Europa, USA, Kanada, Australien, Japan

Cover: Foto ©berggeist007 / pixelio.de

Manufactured and distributed by brebook publishing software (www.brebook.com)

Franz Volkmar Reinhard

Über die Grundsütze und die Natur des Schünen

Dr Platner

Ueber

die Grundsätze und die Natur

des

Schönen.

Mit einem Titelkupfer.

Berlin, 1797.
In Commission bei W. Vieweg.

Dem

Hochwohlgebohrnen Herrn

G. W. Cavan,

Königlich Preußischen General-Auditeur
und Geheimden Kriegesrath 2c.

meinem

verehrungswürdigsten Chef.

Dem

Hochwohlgebohrnen Herrn

F. W. Müller,

Churfürstlich-Sächßischen Geheimden
Kriegesrath und dirigirenden Burge-
meister zu Leipzig, auch Doctor der
Rechtsgelahrheit.

Hochwohlgebohrne Herren,

Höchstzuehrende Herren Geheimde
Kriegesräthe!

Indem ich mir die Freiheit nehme,
Ihre Namen, verehrungswürdigste
Gönner, dieser kleinen Schrift vorzuse-
tzen, schmeichle ich mir, daß Ew. Ew.
Hochwohlgebohrne dies Opfer meines
dank- und hochachtungsvollsten Herzens,
nach Ihrer so allgemein bekannten
Denkart, gewiß nicht ungütig anneh-

men, vielmehr es, als die Erfüllung
meiner Verbindlichkeit, deren Werth,
wie ich ihn empfinde, kein Beiwort
bezeichnet, ansehen werden.

Oeffentlich muß ich es hier beken-
nen, zu welchen Gesinnungen Ihre
mir geschenkte Huld und thätigste Güte
mich lebenslang verpflichtet, und darf

es mir dahero mit größter Zuverſicht
verſprechen, daß Ew. Ew. Hochwohlgebohrne, nach der gewohnten
Art zu handeln, gewiß nicht ungern
dazu beitragen werden, durch Vorſetzung
Ihrer, dem Vaterlande ſo bekannten,
als theuere Namen, den Werth dieſer
Blätter zu erhöhen.

Mit größter und ausdruckvollster
Hochachtung habe ich die Ehre, bis zum
letzten Hauch meines Lebens zu beharren

Ew. Ew. Hochwohlgebohrne

Berlin
im Februar 1797.

                   ganz gehorsamster
              J. G. Adam.

Vorerinnerung.

Ohne es zu beabsichten, gegenwärtiger Schrift, welche ich dem Publiko hiermit vorlege, eine Apologie vorzusetzen, da diese Schrift für sich selbst sprechen muß, will ich nur meinen Lesern in wenigen Worten von den Gründen, die mich zur Herausgabe derselben bestimmt haben, Rechenschaft geben.

In ihnen und in der Aufrichtigkeit, mit welcher ich dabei zu Werke gehe, um keinesweges, auch nur entfernt, den Verdacht wider mich zu erregen, als ob ich mich mit fremden Federn schmücken wollte, glaube ich, ist alles enthalten, was in dieser Hinsicht, vielleicht in der Folge, zu meiner Entschuldigung dienen kann.

Gegenwärtige Bogen sind nicht durchgängig meine eigne Arbeit; ich kann mir davon weiter nichts zueignen, als daß ich selbige in diejenige Form, in welcher sie be=

stehen, gebracht, und mir erlaubt habe,
sie hie und da mit Zusätzen zu vermehren.
Dürfte ich dem Publiko den Namen des
Mannes mittheilen, aus dessen Feder ein
Theil der in dieser Schrift enthaltenen
Grundsätze hervorgiengen — und wie
könnte ich wohl dies ohne eine mir man=
gelnde besondere Erlaubniß desselben — ;
so wäre es wohl sehr wahrscheinlich, daß
jeder meiner Leser sie mit erhöhter und mit
der gerechtesten Erwartung in die Hand
nehmen würde.

Soviel von dem, was ich nöthig
glaubte, über diesen Umstand sagen zu
müssen, und somit empfehle ich mich und
meine gute Absicht, dadurch gemeinnützig
zu werden, der wohlwollenden Beurthei=
lung meiner künftigen Herren Recensenten,
um so mehr, da diese Blätter nicht für den
eigentlichen Gelehrten, sondern einzig und
allein für den Liebhaber des Schönen ge=
schrieben sind.

A d a m.

Verzeich=

Einleitung.

Wenn man die Natur des Schönen an den Objekten, aufser uns allein suchen wollte; so sind alle Bemühungen in Entdeckung der Wahrheit ganz unmöglich und vergeblich. Wir müssen vielmehr auf die Beschaffenheit des Menschen, als eines empfindenden Wesens, und nicht auf die Objekte, die wir für schön halten, Rückficht nehmen.

Bey dieser Nachforschung finden wir nun, daß er in Sinnlichkeit und Nichtsinnlichkeit lebt, und, wenn er sich mit diesen beiden in Verbindung zu setzen vermag, erhält er Vernunft und Gefühl, wornach er alle Objekte, die um und neben ihm sind, in Beziehung auf sich, behandelt und empfindet.

A

§. 2.

Wollen wir nun unſere Einſichten und Ver-
ſtandsfähigkeiten erweitern und unſere Geiſtes-
fähigkeit ſelbſt möglichſt vollkommen machen:
So müſſen wir uns, bei den Beſtreben nach Erkenntniß, angelegen ſeyn laſſen, auch unſern
Verſtand zu erhellen, ſelbigen auf eine ſorgfäl-
tige, jedoch dabei regelmäßige Art, zu üben
und Geſetze, wornach die Fähigkeiten unſers
Geiſtes wirken und ſich nach und nach entwickeln
können, zu entdecken ſuchen.

§. 3

Unſer geſammtes Erkenntnißvermögen beſtehet in Vorſtellungen. Alle Vorſtellungen von einzelnen Dingen ſind aber nichts
anders, als Urtheile, bei den wir nothwendig die uns vorkommenden Geſtände von andern jetzigen oder ehemaligen unterſcheiden.
Stellen wir uns nun den Gegenſtand, als etwas von andern Verſchiedenes vor; ſo ſind wir
uns auch deſſen bewußt: mithin iſt die Vorſtellung von einem erkannten Gegen-
ſtande, eine bewußte Vorſtellung, de-

ren Wirkungen entweder **Begriffe** oder **Empfindungen** sind.

Anmerk. Das Erkenntnißvermögen ist dasjenige, wodurch der Mensch sich die Objekte, was sie in Beziehung auf Vernunft und Verstand überhaupt sind, nach ihrer Nichtsinnlichkeit vorstellet.

§. 4.

Es wird aber um deshalb, weil alle in dem Bewußtseyn hinlänglich bekannte Wirkungen der Seele, theils **Vorstellungen** theils **Wirkungen von Vorstellungen** sind, zu dem, was wir uns vorstellen, die Beziehung des Vorgestellten auf einen Begriff nothwendig erfordert; folglich ist auch eine Vorstellung ohne **Denken** und ohne **Mitwirkung des Erkenntnißvermögens** nicht möglich.

§. 5.

Suchen wir wahrzunehmen, ob Begriffe zu verbinden, aufzulösen, zu vergleichen und zu trennen sind, oder, warum sie einander zukommen oder nicht zukommen; so bleibt unsere Erkenntniß **spekulativ** und **unwirksam,** folg-

lich das, was wir erkennen, für das
Leben ohne alle Wirkung.

§. 6.

Hierbei entsteht nun die Frage,
> „wie können wir die unwirksame, todte
> „Erkenntniß in eine kräftige pragmatische
> „verwandeln und dadurch das menschliche
> „Herz in unsere Gewalt bekommen?"
die deswegen sehr wichtig ist, weil der vornehmste Nutzen unsers Wissens davon abhängt,
daß das, was wir erkennen, auch wirksam werde: denn so lange die Erkenntniß für
das Leben unnütz bleibt, so lange ist auch eine
wahre Bildung unsers Willens ganz unmöglich
und wir sind außer Stand, durch Vorstellungen auf andere zu wirken.

Anmerk. Unwirksame, todte und unkräftige
Erkenntniß ist diejenige, die unser Begehrungsvermögen nicht reizt und dahero keine Regel
unsers Verhaltens wird: kräftig, wirksam und
lebendig ist die Erkenntniß, wenn sie unsern
Willen lenkt und unser Verhalten bestimmt.

§. 7.

Eine Vorstellung unsers Verstandes hört auf, für unser Herz gleichgültig zu seyn, sobald wir mit hinlänglicher Klarheit einsehen, daß durch das, was sie enthält, unsere Vollkommenheit entweder vermehrt oder vermindert werden könne, weil in diesem Falle der Grundtrieb unsers ganzen Wesens in Bewegung gesetzt wird.

§. 8.

Der bestimmte Sinn des im §. 6. angeführten Problems, welches nur allein die Aesthetik auflösen kann, würde dahero seyn: Wie soll man die unwirksame Begriffe und Gedanken der Vernunft in Empfindungen verwandeln und durch Erweckung gewisser Empfindungen das menschliche Herz bilden und lenken? Bevor man aber zu dieser Erörterung schreiten kann, muß man sich noch länger bei dem Begriffe der Empfindungen verweilen und die verschiedenen Bedeutungen, in welchen dieses Wort genommen wird, genauer betrachten.

Erster Abschnitt.

Mannigfaltigkeit der Empfindungen.

§. 9.

Empfindungen werden entweder im psy=
chologischen oder moralischen oder ästhe=
tischen Sinne betrachtet. In der ersten
Bedeutung zeigt es den Zustand an, in dem
wir die Gegenwart äusserer Gegen=
stände unmittelbar wahrzunehmen
genöthigt sind, in der zweiten verstehet
man, ein durch Uebung zur Fertigkeit
gewordenes Gefühl, nach welchem wir
bei der Frage von Recht und Unrecht zu
entscheiden und zu handeln pflegen.

Von diesen beiden Bedeutungen ist jedoch
hier die Rede nicht, wohl aber von der dritten,
wo es solche Vorstellungen anzeigt, bei
welchen unser Wille gerührt wird.

10.

Unfer Empfindungsvermögen äuf=
fert fich an gegenwärtigen Gegenständen, bei
den wir, fobald fie fich uns darftellen, fagen
können, dies oder jenes ift das, oder es
ift diefes nicht. Was nun mit den Em=
pfindungen unmittelbar zufammenhängt,
dienet bloß dazu, uns Vorftellungen zu
verfchaffen; folglich müffen Empfindun=
gen, weil fie ganz etwas anders, als be=
wußte Vorftellungen find, von diefen un=
terfchieden werden; denn in erftern ift fich die
Seele nur ihrer und ihres Zuftandes,
in den letztern hingegen, eines von ihr un=
terfchiedenen Gegenftandes bewußt:
Dahero find diefe, als folche, weder ange=
nehm noch unangenehm; jene aber eines
von beiden oder beides zugleich.

Anmerk. Die Gefetze des Empfindens gründen
fich auf unfere finnliche Natur, und wir ftellen
uns die Objekte, als etwas, was fie für unfere
Sinnlichkeit find, vor. Wenn man fich da=
hero die Objekte nach ihrem angenehmen
oder unangenehmen Eindruck vorftellet, fo

bezeichnen wir hierdurch das Empfindungsvermögen.

§. 11.

Alle Empfindungen sind, vermöge ihrer Natur, undeutliche Vorstellungen, und
entweder angenehm oder unangenehm
oder vermischt. Auch können sie mancherlei
Grade der Stärke haben, welche theils
von der Klarheit der dazu gehörigen
Vorstellungen, theils von denen sich
dazugesellenden Nebenideen, theils
aber auch von der Schnelligkeit, mit
der uns gewisse Vorstellungen über-
raschen, abhängen.

Anmerk. Man sehe über die mancherlei Grade
der Empfindungen Steinbarts gemeinnützige
Anleitung des Verstandes zum regelmäßigen
Selbstdenken, dritte Auflage. Züllichau. 1793.
Hptst. 2. §. 72.

§. 12.

In jeder Empfindung müssen wir dahero,
1) die Vorstellung von dem Gegenstande, der die Empfindung veranlaßt, unterscheiden. Diese Vorstellung be-

trifft allezeit eine gewiſſe Vollkommenheit
oder Unvollkommenheit: Wir ſtellen uns
die Sache, welche eine gewiſſe Empfindung
hervorbringt, entweder, als ein Gut und
alſo als etwas Wünſchenswerthes, oder,
als ein Uebel und alſo, als etwas Verab-
ſcheuungswürdiges, vor, z. B. ſo ſetzt
die Empfindung der Freude, ein gewiſſes Gut,
welches wir uns vorſtellen, voraus, ſo wie die
Empfindung des Zorns oder des Grams allezeit mit der Vorſtellung einer gewiſſen Unvollkommenheit verbunden iſt: Allein, ſo
lang es bei der bloßen Vorſtellung bleibt,
denken wir bloß, aber wir empfinden
noch nicht.

§. 13.

Es muß alſo noch 2) das Gefühl von
unſerm eignen Verhältniſſe gegen die
vorgeſtellte Sache, folglich, von unſerm
gegenwärtigen Zuſtande, deſſen Vollkommenheit durch dieſelbe entweder vermehrt oder vermindert wird, hinzukom-
men. So fühlen wir z. B. bei der Freude
eine Verbeſſerung unſers Zuſtandes, deren Ge-

fühl sich mit dem Gedanken von dem vorgestell=
ten Gut verbindet, so wie wir beim Zorn eine
Verschlimmerung desselben fühlen, die sich an
die Vorstellung eines gewissen Uebels anknüpft.

Beide Dinge sind also in jeder Empfindung
nothwendig beisammen und fließen dergestalt in
einander, daß sie, zusammengenommen, nur
eine einzige Modifikation unsers Gei=
stes ausmachen. Hieraus folgt also, daß
jede Empfindung nothwendig eine
undeutliche (§. 11.) Vorstellung seyn
müsse, weil unsere Vorstellungen nur
dann deutlich sind, sobald wir uns ihre
Merkmale getrennt und einzeln denken.
In diesem Falle wird sich die Seele des Man=
nigfaltigen, was in einem Begriffe vor=
kommt, bewußt und unterscheidet es von ein=
ander. Sie vergißt dabei ihren eigenen Zustand
und beschäftigt sich nur mit dem Begriffe, den
sie ganz durchdringen und von allen Seiten ken=
nen lernen will. Aber eben dieses Vergessen
des eigenen Zustandes macht, daß eine deut=
liche Idee nie unmittelbar zu einer Empfin=
dung werden kann.

§. 14.

Wendet dahero die Seele ihre ganze Thätigkeit darauf, um sich alle Merkmale und Theile
eines Begriffes vorzustellen; so hat sie für ihre
eigne Verfassung gleichsam kein Gefühl, sondern ist in eine müßige und unwirksame
Betrachtung verlohren. Wenn hingegen
die Aufmerksamkeit der Seele sich theils und
zugleich auf ihren eigenen Zustand wendet, d. h.
sobald wir uns des Verhältnisses, das der vor-
gestellte Gegenstand gegen unsre Vollkommenheit hat, bewußt werden, so verschwindet die
Deutlichkeit der Vorstellung nothwendig, weil
wir denn nicht mehr Kraft genug besitzen, uns
alle Merkmale des Begriffes, von dem die Frage ist, einzeln vorzustellen.

Die Idee wird also konfus, ungeachtet
sie einen hohen Grad von Klarheit erhält,
der vielleicht eben dadurch wächst, weil wir uns
den vorgestellten Gegenstand nun ganz denken
und ihn gleichsam mit einem Blick ganz über-
schauen können.

Es lassen sich also aus der Natur einer Empfindung und aus dem Wirkungsgesetze

unserer Seele nothwendige Ursachen einse=
hen, warum jede Empfindung eine un=
deutliche Vorstellung seyn müsse, wenn
uns auch nicht die Erfahrung von der Wahrheit
dieses Satzes überzeugend belehrte.

§. 15.

Die Quellen der Vorstellungen, die wir
von den angenehmen und unangeneh=
men Wirkungen der Objekte auf uns
haben, sind allein die Empfindungen selbst.
Stehet dahero die Vorstellung, von welcher
die Empfindung abhängt, so mit den Grund=
trieben unserer Natur in Verbindnng, daß wir
sie lieben und dabei ein Vergnügen em=
pfinden können, oder, daß wir den Gegenstand
davon verabscheuen müssen: So wirkt die
Seele im ersten Falle sogleich dahin, solche zu
unterhalten, weil sie sich das Objekt davon als
angenehm und den Grundtrieben unserer Na=
tur gemäß vorstellt.   Z. B. so empfinden wir
bei Betrachtung eines schönen Gemähldes;
beim Empfang eines wichtigen Geschenks u.
s. w. ein Vergnügen.

§. 16.

Dahingegen wird sie im zweiten Falle das,
was ihrer Meinung zuwider ist und ihr, als
ein Hinderniß der Befriedigung der
Grundtriebe erscheint, als böse und
schädlich ansehen und dahero zu hemmen,
zu unterdrükken und wegzuschaffen suchen, weil die Vorstellung davon in eine Unvollkommenheit, die mit ihrer eigenen Vollkommenheit, in gar keiner Verbindung stehet,
sich gründet, z. B. das Anhören einer schlechten Musik; einer Kränkung unserer Ehre u. s. w.

§. 17.

Ist aber eine Empfindung gemischt, so,
daß sie theils angenehm, theils unangenehm ist, so wird die Thätigkeit der Seele
nach dem Uebergewichte, welches eine von beiden hat, bestimmt. Diese Art der Empfindung wird durch alle die Uebel, die uns nicht
zu nahe angehen, gleichwohl aber den denken-
den Geist ein lebhaftes Gefühl von seiner Kraft
geben, ihn stark erschüttern und bewegen,
erweckt.

§. 18.

Die von der Empfindung abhängende Vorstellung, kann zwar eine Unvollkommenheit seyn, aber so wenig mit unserer eigenen Vollkommenheit in Verbindung stehen, daß wir an der Thätigkeit, womit sich die Seele dieses Objekt denkt, ein Vergnügen empfinden und die Vorstellung davon lieben können, wenn wir gleich den Gegenstand davon selbst verabscheuen. Dahero sehen wir unangenehme Gegenstände in nachahmenden Gemählden gern und lieben den Schauer, in den sie uns versetzen, so z. B. sucht der Pöbel gerne schauervolle Auftritte.

Anmerk. Diese Gefühle entstehen auf einem Schlachtfelde, im Trauerspiele oder erwachen auch bei andern Gelegenheiten in uns, wo die Theilnahme an fremden Unfällen uns Thränen abzwingt: daher kommt es auch, daß wir unangenehme Gegenstände in nachahmenden Gemählden gerne sehen und gern den Schauer, in den sie uns versetzen, lieben können.

§. 19.

Diese gemischte Empfindungen pflegen sich

auch dann zu zeigen, wenn wir noch ungewiß
sind, ob das Hauptobjekt der Vorstellung ein
Gut oder ein Uebel sey und daher Furcht und
Hoffnung mit einander abwechselt, z. B. beim
körperlichen Kitzel, wo der Eindruck auf die
Nerven für ungemischtes Vergnügen zu
stark und für ungemischten Schmerz zu
schwach ist. Es befindet sich also hier die
Seele in einem unentschiedenen Mittelzustande
zwischen Lust und Unlust; so wie hieher auch
noch jede ungewisse Erwartung, in welcher es
noch nicht ausgemacht ist, ob uns das, was
wir für gut erkennen, oder das entgegengesetzte
Uebel treffen wird, gehöret.

Dieses zweifelhafte Schwanken der Seele
zwischen beiden, ist aus Furcht und Hoffnung, aus Lust und Unlust zusammengesetzt
und daher gemischt. Das auch daher der
Schmerz und das Trauern seine Annehmlichkeit
hat, ist bekannt.

Anmerk. Man sehe hierbei Moses Mendelssohns Briefe über die Empfindungen
und Plato in Philäbus.

§. 20.

Je einleuchtender nun eine gewisse Voll=
kommenheit oder Unvollkommenheit
ist, und je mehr sinnliche Klarheit sie hat,
desto leichter wird es der Seele das Ver=
hältniß derselben zu ihrem eigenen Zustand ein=
zusehen, und desto fühlbarer der Einfluß des
vorgestellten Gegenstandes auf unser eignes
Wohl. Die Lebhaftigkeit der Empfindung muß
also, bei sonst gleichen Umständen, in eben dem
Grade ab= und zunehmen, in welchem die
Klarheit der dazu gehörigen Hauptvor=
stellung wächst oder verschwindet. Bei
dunklen Vorstellungen gewisser Uebel, die
wir uns selbst nicht zu nennen wissen, versinkt
die Seele in eine stille Schwermuth, bei wel=
cher zwar keine lebhafte, wohl aber eine
Menge schwacher und unangenehmer
Empfindungen vorkommen: Sobald hinge=
gen die Vorstellung eines vorhandenen Uebels
mit gehöriger Klarheit der Seele erscheint, wer=
den die Empfindungen immer stärker und nimmt
die Klarheit der Vorstellungen so zu, daß wir es für
unvermeidlich und unüberwindlich halten müssen.

Anmerk.

Anmerk. Steinbarts gem. Anleit. des Verstandes zum regelmäß. Selbstdenken, Hptst. 2. §. 65. ff.

§. 21.

Die Empfindungen des sinnlichen Vergnügens und Schmerzens sind eben darum so lebhaft und stark, weil die dazu gehörigen Vorstellungen unmittelbar sinnliche Klarheit haben, und deswegen ist es auch möglich das menschliche Herz von einer lebhaften Empfindung auf die gerade entgegengesetzte zu führen und es für etwas eben so sehr einzunehmen, als es vorhero davon äusserst abgeneigt war; denn entziehet man dem Gegenstande, den es vorhero liebte, seine Klarheit und giebt dem entgegengesetzten desto mehr Licht, so wird es jenen nach und nach fahren lassen und sich für diesen so stark interessiren, ob man gleich selbigen in einem eben so großen Lichte zu zeigen gewußt hat.

Anmerk. Man vergleiche den Cicero de Oratore L. II. c. 72.

§. 22.

Die Kraft, womit eine Hauptvorstellung

B

auf uns wirkt und das Herz rührt, muß noth=
wendig wachsen, so oft ein Nebenumstand hin=
zukommt, bei dem sich ein neuer Zusammen=
hang mit unsrer eignen Vollkommenheit wahr=
nehmen läßt. Die Seele wird alsdann von
verschiedenen Seiten auf einmal angegriffen
und dadurch zu einem Feuer der Thätigkeit ent=
flammt, das mit jeder neuen Vorstellung gröf=
ser wird.

Dies lehrt die Erfahrung; denn die Wuth
eines Zornigen wird immer größer, je mehr er
neue Umstände, die zu seiner Beleidigung die=
nen, entdeckt, so wie die Freude über ein Ge=
schenk oder über eine angenehme Veränderung
durch die Art, womit jenes gemacht worden
ist und diese sich zugetragen hat, ungemein
wächst.

Anmerk. Am besten läßt sich die Erfahrung,
daß die Lebhaftigkeit des Eindrucks durch in=
teressante Nebenvorstellungen gewinnt, aus den
Meisterstücken der Dichtkunst erläutern. Ein
Beispiel hievon ist Hektors Abschied von der
Andromache beim Homer Iliad. 1. 6. v. 390
— 403, wo die große Rührung, die er in der

Seele des Lesers hervorbringt, größtentheils
von den rührenden Nebenvorstellungen, die der
Dichter mit der Hauptvorstellung verknüpft
hat, abhängt, sonderlich von dem Umstande,
daß er den kleinen Sohn den Hektors gegenwärtig seyn läßt, wodurch die vortreffliche
Stelle v. 466 — 481. die dem Ganzen so viel
Leben ertheilt, erzeugt wurde. Aehnliche Erläuterungen über den Philoktet des Sopho-
kles giebt Herder in den kritischen Wäldern,
1s Wäldch. S. 55. ff.

Die höchste Kunst der größten Meister liegt
in einer klugen Auswahl dieser Nebenvorstellungen und ihrer weisen Anordnung, wornach sie
alle etwas beitragen müssen, die Hauptempfin-
dungen zu verstärken und eben dadurch sind sie
fähig jede Empfindung, die sie hervorbringen
wollen, in andern zu erwecken.

§. 23.

Wird eine Idee, die eine Rührung bewirken soll, in ihrem ganzen Lichte uns u n e r-
w a r t e t dargestellt; so wird auch der Eindruck,
den sie macht, um desto lebhafter seyn. Hier
fühlt die Seele dann auf einmal und ohne vor-

bereitet zu seyn, den Zusammenhang eines gewissen Objekts mit ihrer Vollkommenheit, folglich muß sie bei einem vortheilhaften Einflusse
desselben auf ihren Zustand, um so mehr in
eine lebhafte Freude ausbrechen, je weniger sie
diesen Zuwachs zu ihrer Vollkommenheit ver-
muthet hatte; und umgekehrt muß auch ihr Abscheu desto heftiger seyn, je weniger sie ein gewisses Uebel fürchtete. Da nun in diesem Falle
eine gewisse Art von Verlegenheit vorkommt,
nach welcher die Seele bei der geschehenen
Ueberraschung einige Augenblicke hindurch nicht
weiß, welche Maaßregeln sie ergreifen soll; so
haben solche Empfindungen, sie mögen angenehm oder unangenehm seyn, fast immer etwas
Schreckartiges an sich, und ihre ganze Lebhaftigkeit zeigt sich gemeiniglich erst dann,
wenn die ersten Augenblicke der Verlegenheit
vorbei sind.

§. 24.

Von diesem Umstand, daß die Schnelligkeit, mit der uns gewisse Vorstellungen über-
raschen, die Stärke der Empfindungen hat,
hängt auch gemeiniglich die große Rührung ab,

die die Auflösung eines Knotens in einem Gedicht hervorbringt, wenn sie natürlich und gut
gemacht ist; dann, läßt sich der Ausgang schon
lange vorhersehen: so ist die Wirkung, die entsteht, wenn sie nun wirklich erfolgt, entweder
ganz vereitelt oder nur sehr geringe. Desto
mehr empfinden wir aber, wenn uns das Ende
der ganzen Entwicklung schnell überrascht, und
ohne daß wir es vermuthen konnten, mit seiner
ganzen Klarheit dasteht.

§. 25.

Die Erfahrung lehrt, daß uns ein Gegenstand nur dann, wenn er uns als schön oder
häßlich erscheint, und mit einer Klarheit, die
uns entweder für ihn einnimmt oder von ihm
zurückschreckt, gedacht wird, rühret.

Man hat also das Mittel wodurch unwirksame Kenntniß in lebendige verwandelt wird,
gefunden, wenn man die Natur der Schönheit
und ihres Gegentheils gehörig kennt und weiß,
wie man jeden Gegenstand gefallend oder abschreckend vorstellen kann. Dann läßt es sich
nämlich einsehen wie man 1) in jedem gege-

benen Falle, diejenige Empfindung,
die man erwecken will, erwecken soll?
2) welches das höchste Gesetz derjenigen
Wissenschaften und Künste, welche man
deswegen, weil sie dieses große Rührungsmit=
tel anwenden, die schönen Künste nennt,
ist? und 3) wie viel man solcher schönen
Künste und Wissenschaften haben könne?
so wie endlich 4) worin ihr Werth und
ihre vornehmste Absicht bestehe?

————————

Zweiter Abschnitt.

Auffuchung des Schönen.

§. 26.

Ein Gegenstand kann uns nur unter der Bedingung, wenn er Aufmerkfamkeit erweckt, rühren. Dies ist aber nicht möglich, wenn er sich nicht durch anschauliche Vollkommenheit oder Unvollkommenheit auszeichnet, d. h. wenn er nicht einen gewissen Grad von Schönheit oder Häßlichkeit besitzt; daher kommt es auch, daß selbst die wildesten Völker sich und ihre Geräthschaften zu verschönern suchen, kultivirte Nationen aber überall Verschönerungen anbringen.

§. 27.

a) Kritische Beleuchtung des Begriffs vom Schönen.

Die Erklärungen, welche die Philosophen von der Schönheit geben, sind sehr verschie-

den und enthalten alle etwas Wahres. Das
Wort schön selbst wird von einer großen
Menge äusserst verschiedener Gegenstände ge-
braucht.

Daher ist es auch sehr schwer einen Begriff,
der von so mancherlei Objekten gelten soll, gehörig zu fassen; denn es giebt a) sinnliche
Dinge und zwar solche, die vermittelst
des Auges und Ohres empfunden werden — dies nennt man das sinnliche
Schöne. b) übersinnliche Gegenstände, von Gedanken, von ihrer Einkleidung und Verbindung — wird das
idealische Schöne — und c) sittliche Gegenstände von schönen Gesinnungen und Handlungen — das moralische Schöne genant.

§. 28.

Manche sagen: Schön ist, was ge-
fällt; allein diese Definition zeigt bloß die
Wirkung des Schönen an, nicht aber die
Natur. Sie ist zu weit, denn es gefällt uns
Manches, was deswegen nicht schön, son-

dern bloß nützlich ist. Andere nehmen an,
schön sei das, wobei Einheit mit Mannigfaltigkeit verbunden sei. Diese Erklärung ist wiederum zu enge; denn es giebt schöne
Gegenstände, die keine Mannigfaltigkeit haben, z. B. ein schöner Ton; ein heiterer Him-
mel; große Simplicität eines erhabenen Ge-
dankens; denn sie macht den großen Eigensinn
und die Mannigfaltigkeit des Geschmacks gar
nicht begreiflich.

<h3 style="text-align:center">§. 29.</h3>

Andere behaupten wiederum: schön sei,
was die Seele stark beschäftigte, ohne
sie anzustrengen.

Dieser Begriff erklärt nun wirklich sehr
viel, allein er scheint doch noch nicht hinreichend
zu seyn, vielmehr ist er zu eng; denn erstlich
sind alle Abweichungen des Geschmacks daraus
gar nicht begreiflich, zweitens schließt er das
sogenannte fürchterlich Schöne, d. h.
alle die Gegenstände, welche die Seele stark
erschüttern und doch gefallen, aus, z. B. das
Bestreuen des Haars mit Puder bei uns und
andere Arten des Putzes; ein wildes Gebürge;

das stürmende Meer; ein rauschender Wasser= fall; fürchterliche Scenen und Gegenstände in der Mahlerei und Dichtkunst, zu geschweigen, daß auch häßliche Gegenstände die Seele mäßig beschäftigen können, ohne darum schön zu wer= den, und daß diese Definition nicht das We= sen der Schönheit, sondern nur ihre Wir= kung angiebt.

§. 30.

Endlich erklären noch andere die Schön= heit für die Form der Zweckmäßigkeit eines Gegenstandes, sofern sie ohne Vor= stellung eines Zwecks an ihm wahrgenommen wird.

Allein, wenn diese Definition richtig seyn soll, so darf man wenigstens das alles nicht schön nennen, was der Sprachgebrauch so nennt; denn nach demselben wird manches für schön erklärt, wobei sich keine Form der Zweck= mäßigkeit wahrnehmen läßt, z. B. bei vielen Arten des Putzes, bei einem fürchterlich schö= nen Gebürge. Dagegen halten wir manches eben darum für schön, weil wir die Ueberein= stimmung desselben mit seinem Zweck gehörig

einsehen. Dies ist der Fall, wenn man die
Schönheiten eines Gedichts, eines Gemähldes
u. s. w. zergliedert, d. h. untersucht, wie zweckmäßig alles darinnen sei und warum der Künstler, wenn er seine Absicht erreichen wollte,
nicht anders verfahren konnte. Man erhält,
wenn man so urtheilt, ein erhöhtes Gefühl
von der Schönheit eines Kunstwerks, ob man
gleich die Vorstellung eines Zwecks damit
verbindet.

Anmerk. Man sehe über diese verschiedene De-
finitionen Plato in Philabus S. 1256. Bon-
nets psychologischen Versuch S. 204 und 205.
Moses Mendelssohns philosoph. Schrif-
ten Th. 2. S. 185. ff. Eberhards Amindor
S. 140. ff. und Hemsterhuis philosophische
Schriften Th. 1. S. 12. ff. Kants Kritik der
Urtheilskraft, nach.

§. 31.

b) Festsetzung einer Erklärung vom Schönen.

Man wird dahero am besten mit seiner Erklärung ausreichen, wenn man sagt: die
Schönheit der Gegenstände sei dieje-

nige Eigenschaft derselben, nach wel=
cher sie sinnlich oder anschaulich voll=
kommen sind.

Diese Erklärung paßt nun nicht allein auf
alles, was der Sprachgebrauch schön
nennt, sondern sie giebt auch die wahre Ur=
sache von der großen Gewalt des Schö=
nen über unser Herz am besten an und
macht selbst eigensinnige Einfälle der Mode und
des Geschmacks begreiflich.

Das Gegentheil von anschaulicher Un=
vollkommenheit ist Häßlichkeit.

§. 32.

Dieser Definition zu folge; so ist es näm=
lich unläugbar, daß die Beschaffenheit
gewisser Dinge, nach welcher sie Ein=
heit und wohlgeordnete Mannigfal=
tigkeit erhalten, ihre Vollkommen=
heit ausmachen, und je mehr sie diese Eigen=
schaft besitzen, desto mehr Vollkommenheit ist
an ihnen bemerkbar.

Eben so gewiß ist es, daß dasjenige, was
uns mässig beschäftigt, uns ein Gefühl von un=

ferer eigenen Vollkommenheit verschafft und
etwas beiträgt, dieselbe zu vermehren, und daß
endlich ein vollkommener Gegenstand auch
zweckmäßig seyn und mit der Absicht, die dadurch erreicht werden soll, übereinstimmen
müsse.

Alles also, was in den vorhererwähnten
Haupterklärungen des Schönen enthalten ist,
vereinigt sich zuletzt in dem Begriff der
Vollkommenheit, nur daß dabei bald
mehr auf die objektive, bald mehr auf die
subjektive der betrachtenden Gegenstände der Vollkommenheit Rücksicht
genommen ist.

§. 33.

Der Trieb nach Vollkommenheit ist die
letzte Quelle aller unserer Bestrebungen und der Gedanke von Vollkommenheit,
der letzte subjektivische Grund alles
Wollens und Nichtwollens, folglich
alles Vergnügens und Mißvergnü-
gens. Wenn nun in der Vollkommenheit
überhaupt der Grund liegt, warum schöne Gegenstände schön sind, und warum sie gefal-

30

len: So ist es am besten, den Begriff von
Vollkommenheit bei Erklärung des Schönen zu
Hülfe zu nehmen, und zwar um deshalb, weil
er nicht nur an den Gegenständen, die wir schön
nennen, vorkommt, sondern auch weil wir unsere eigene Vollkommenheit gleich fühlen, sobald wir sie wahrnehmen.

Anmerk. Man sehe hierüber noch den Plato
de legibus l. 2. p. 62. in der Zweibrücker
Ausgabe.

§. 34.

Da aber alles Vollkommene nicht sogleich
als schön empfunden wird, so müssen die Begriffe schön und vollkommen nicht als völlig gleichgeltend angesehen werden, sondern
man muß, um die brauchbarste Erklärung des
Schönen zu finden, nur in der Erfahrung zusehen, unter welcher Bedingung uns das Vollkommene als schön erscheint.

Dies geschieht nun unläugbar dann, sobald
die Vollkommenheit eines Objekts anschaulich,
d. h. so beschaffen ist, daß alle die Vorzüge, die
es enthält, mit sinnlicher Klarheit erscheinen,
mithin auf einmal vorgestellt und leicht empfun-

den werden können, z. B. ein roher Diamant
ist vollkommen, aber noch nicht schön, sobald
er geschliffen ist, wird seine Vollkommenheit
anschaulich und er dadurch zu einem schönen
Gegenstande; eine gute Stimme ist ihrer Natur nach vollkommen, wenn sie sich auch nicht
hören läßt; aber schön nennen wir sie erst dann,
wenn diese Vollkommenheit durch wirkliche her-
vorgebrachte Töne sinnlich wird; ein richtiger
Entwurf zu einer Rede oder zu einem weitläuf-
tigen Gedichte ist vollkommen und gut, Schönheit bekommt es aber erstlich durch die Einkleidung, wodurch die Vollkommenheit durch die
darin enthaltene Anordnung für jedermann anschaulich wird.

§. 35.

Der Grad von Schönheit richtet sich
auch, zufolge der Erfahrung, genau nach dem
Grade der Vollkommenheit, die in einem Objekte anschaulich ist, und je mehr sie
einem Betrachtenden nach seiner sonstigen per-
sönlichen Beschaffenheit einleuchten kann, desto
größer ist die Rührung, die sie hervorbringt.
Man kann daher sagen: Schön sei alles

dasjenige, wobei anſchauliche oder ſinnliche Vollkommenheit wahrgenommen werde.

§. 36.

c) Kritiſche Beleuchtung dieſer Definition.

Dieſe Erklärung ſtimmt nun nicht allein mit dem, was wir im Sprachgebrauch ſchön nennen, ſondern auch mit der Natur derjenigen Objekte, die man mit großer Allgemeinheit für
ſchön hält, überein. Die Vollkommenheit der himmliſchen Körper wird durch die Ordnung in
ihren Bewegungen, durch ihr unveränderliches Licht und durch ihren ewigen jugendlichen Glanz
ſehr einleuchtend, dahero hat man ſie allgemein für ſchön erklärt. Der menſchliche Körper iſt
unter allen organiſirten Körpern auf unſerer Erde der vollkommenſte, aber auch eben deswegen der ſchönſte. Nirgends iſt die Vollkom-
menheit unſrer Gedanken ſinnlicher und anſchaulicher, als in der Dichtkunſt; daher iſt ſie
auch nach dem Gefühl aller Völker ſchön. Nir-
gends iſt die Energie und Vollkommenheit einer Seele anſchaulicher, als in tapfern Handlungen;

gen; daher finden fast alle Nationen die Tapfer=
keit schön und lobenswürdig. Prächtige Auf=
züge und Ceremonien werden überall für schön
erklärt, weil sie die Vollkommenheit, die Reich=
thümer, die Macht und den Geschmack derer,
die sie veranstaltet haben, sinnlich vorstellen.

§. 37.

Auch läßt sich diese Definition auf Objekte
anwenden, bei welchen Einheit und wohl=
geordnete Mannigfaltigkeit sehr be=
merkbar ist; denn dadurch, daß das Mannig=
faltige in solchen Gegenständen zu einem Zwecke
zusammenstimmt, sind sie nicht nur selbst voll=
kommen, sondern stellen ihre Vollkommenheit
auch als leicht faßlich und mithin sinnlich vor.

Hieraus ist auch begreiflich, warum das,
was Hogarth die Schönheitslinie nennt, uns
so sehr gefällt. Ist nämlich ein Körper aus
lauter geraden Linien zusammengesetzt; so fin=
den wir zu wenig Kunst und Vollkommenheit
daran, als daß er uns gefallen sollte, und be=
steht er aus Linien, die gar zu sehr gekrümmt
und so in einander geschlungen sind, daß es

C

34

uns schwer wird, ihren Zusammenhang zu fassen; so ist seine Vollkommenheit nicht anschaulich und sinnlich genug, er kann also auch nicht als schön gefallen. Nur die mittlere Gattung von Linien hat die meiste anschauliche Vollkommenheit, weil sie Kunst und Faßlichkeit mit einander verbindet.

§. 38.

Ferner findet diese Erklärung des Schönen Anwendung bei solchen Objekten, die, ohne Mannigfaltigkeit zu haben, bei aller Einfachheit für schön erklärt werden; denn die Vollkommenheit mancher Dinge bestehet in einer ungemischten Einheit, folglich muß uns auch diese nothwendig gefallen, sobald sie anschaulich wird. Z. B. die höchste Vollkommenheit eines heitern Tages besteht darinne, daß der ganze Horizont von Wolken frei sei, daher ist das völlige einfache Blau des Himmels schön. Ist eine gerade Linie richtig und fein gezogen, so hat sie die Vollkommenheit, die sie in ihrer Art haben kann und besitzt sie anschaulich; man kann sie daher auch schön nennen. Die große Simplicität, womit erhabene Empfindungen

ausgedrückt werden, iſt die vollkommenſte
Sprache, die ſich für ſie ſchickt, weil ihre in=
nere Vollkommenheit keine Unterſtützung der
Worte braucht, ſondern nur treu dargeſtellt
werden darf, um zu gefallen, und hierin liegt
der Grund, warum eben dieſe hohe Simplici=
tät ſchön genannt zu werden verdient.

§. 39.

Zur Beſtätigung dieſer Definition nehme
man die Bemerkung hinzu, daß nämlich alle
ſolche Dinge, die uns als anſchauliche
Merkmale der Vollkommenheit ge=
wiſſer Objekte ſchön dünken, ſogleich
aufhören ſchön zu ſcheinen, ſobald
wir ſie an ſolchen Objekten wahrneh=
men, deren Vollkommenheit ſich durch
andere Merkmale zu erkennen giebt.
Z. B. ein weibliches Geſicht, ohne Bart und
einen zarten weichlichen Bau der Glieder, fin=
det Niemand ſchön, ſobald ſolche an einem
Soldaten bemerkt werden, weil ſich die Voll=
kommenheit des letztern durch ganz andere Zei=
chen ſinnlich macht.

Ueberhaupt erklären wir Feinheit der Haut und eine gewisse milde Weichheit der ganzen Organisation am weiblichen Körper deswegen für schön, weil wir die Vollkommenheit dieses Geschlechts in einer gewissen Feinheit des Verstandes, in Zartheit der Empfindungen und in sanften nachgebenden Gesinnungen setzen. Dagegen gefällt uns am männlichen Körper die Festigkeit der Knochen, der stärkere Ausdruck der Muskeln und überhaupt eine gewisse Rauhigkeit, die sich in allen seinen Bewegungen zu erkennen geben muß, weil wir die eigentliche Vollkommenheit des Mannes in Kraft und nachdrucksvolle Thätigkeit setzen.

§. 40.

Die Verzierungen, die an einem Gartenhause sehr schön seyn können, würden wir häßlich finden, wenn sie an einem Krankenhause oder an einer Stückgießerei angebracht wären, weil die Vollkommenheit dieser Gebäude wegen ihrer so sehr verschiedenen Bestimmung auch

nothwendig verſchieden anſchaulich gemacht wer=
den muß, und daher finden wir die ſchönſte
Oper, bei einer Leichenmuſik, ſo wie den ſchön=
ſten Tanz, in der Kirche, häßlich und unaus=
ſtehlich, und erklären den Mangel an Syme=
trie, an der Auſſenſeite eines Gebäudes, ſo=
gleich für häßlich, weil wir auf die ſchlechte
innere Vertheilung der Zimmer und die Unvoll=
kommenheit des ganzen Baues den Schluß
machen.

Sogar betrügliche Schönheiten gefallen
bloß deswegen, weil ſie uns, als Zeuge vor=
handener Vollkommenheiten, täuſchen.
Ein geſchminktes Geſicht könnte nicht reizen,
wenn eine lebhafte rothe Farbe nicht das Zei=
chen einer blühenden Geſundheit wäre, und
ganze Neigung zum Puß würde zwecklos ſeyn,
wenn uns nicht alles als ſchön gefiele, was eine
gewiſſe Vollkommenheit der Perſon, woran
es vorkommt, zu verſtehen giebt und ſinnlich
darſtellt.

§. 41.

Die Geneigtheit dasjenige ſchön zu ⸱ fin=
den, was gewiſſe Vollkommenheiten anſchau=

lich macht, geht sogar so weit, daß bloße Ne=
benumstände, die bei vollkommenen Gegenstän=
den angetroffen werden oder doch dabei vorkom=
men können, oft den Rang gewisser Schönhei=
ten erlangen, so wenig sie ihn verdienen. So
kann der Fehler eines Monarchen oder eines
sehr geschätzten Schriftstellers sehr leicht den
Geschmack des Hofes oder der Nachahmer ver=
derben und von ihnen, als eine Schönheit,
nachgeahmt werden, weil man ihn irrig für ein
Zeichen der Vollkommenheit hält. Man be=
schneidet in China die Nägel nicht, weil dieses
anzeigen soll, man brauche seines vornehmen
Standes wegen nicht zu arbeiten. Dieses Zei=
chen der Vollkommenheit hat man nach und
nach auch angefangen für schön zu finden, da=
her kommt es, daß man auch Seltenheiten
für schön findet, so wenig sie es auch an sich
verdienen, weil man ihnen wegen ihrer Selten=
heit einen größern Werth beilegt.

§. 42.

Demnach ist auch aus dieser Erklärung des
Schönen verständlich, warum Dinge, die

in der Wirklichkeit häßlich sind, in
den Nachahmungen der Künstler gefallen? Das Vergnügen entspringt nämlich
hier nicht aus dem vorgestellten Gegenstand,
an sich betrachtet, sondern aus der anschaulichen Vollkommenheit der Nachahmung. Wir
vergessen in solchen Fällen, daß das Objekt in
der Natur häßlich oder gar abscheulich ist und
bewundern die Vollkommenheit der Kunst, die
sich in ihrer Nachahmung der Natur so sehr ge-
nähert hat, z. B. der Charakter eines Böse-
wichts hat poetische Schönheit; Hoguarths Ka-
rikaturen sind schöne Zeichnungen; das häß-
lichste Thier in der Natur gefällt, sobald es
treffend gezeichnet ist u. s. w.

Anmerk. In Ansehen der Dichtkunst hat schon
Plutarch de audiendis poetis. T. II. p. 18.
diese Bemerkung gemacht, sie läßt sich aber
auch auf die übrigen Künste anwenden, nur
das Ekelhafte ist davon ausgenommen, warum
aber? — dies läßt sich nicht einsehen. Man
vergleiche die Litteraturbriefe. Th. 5. Nr. 82.
S. 97. ff. und über diesen ganzen Gegenstand
sehe man den Cicero de oratore. L. III.

c. 45. 46. auch den Antonius ad se ipsum.
L. III. c. 2.

§. 43.

Da nun die Fähigkeiten der Menschen und
ihre ursprünglichen Kräfte so mannigfaltige
Grade haben; so läßt sich auch leicht einsehen,
daß die Urtheile über das Schöne nothwendig verschieden seyn müssen, weil
der eine mehr, der andere weniger Vollkommenheit sie zu fassen besitzt. Hierzu kommt die
große Verschiedenheit der Ausbildung, welche
macht, daß uns gewisse Vollkommenheiten,
wenn sie auch noch so sinnlich sind, gar nicht
einleuchten, weil wir niemals zu ihrer richtigen
Gewahrnehmung geübt sind, andere hingegen
sehr groß seyn müssen, wenn sie uns befriedigen
sollen, weil sie durch die Uebung eine besondere
Fertigkeit erlangt haben, sie zu beurtheilen.
Hierin liegt also der Grund, warum die Menschen über das Schöne so gar verschieden in ihren Meinungen sind und sich einander fast wider-
sprechen. Der Maaßstab, nach welchem die
Vollkommenheit eines Dinges geschätzt wird,
ist keinesweges immer derselbe, weil die sinnli-

chen Merkmale, wodurch sie gewisse Vollkom=
menheiten anschaulich machen sollen, von frü=
hen Eindrücken, unsern Gewohnheiten, Sitten
und Einfällen sehr oft abhängen; daher ist es
kein Wunder, daß der eine.dasjenige für sinn=
lich vollkommen erklären kann, was dem andern
gleichgültig oder wohl gar abscheulich dünkt.

§. 44.

Der Schönheit wird Häßlichkeit ent=
gegengesetzt, und wir nennen häßlich alles,
wobei sinnliche Unvollkommenheit
vorkommt. Es kann etwas an sich unvoll=
kommen seyn, so lange uns aber diese Unvoll=
kommenheit nicht einleuchtet und von uns sinn=
lich empfunden wird, erklären wir es auch nicht
für häßlich. Wer mit den Regeln der Bau=
kunst oder der Musik nicht bekannt ist, ist auch
mit einem unvollkommenen Gebäude und mit
einer schlechten Musik zufrieden; dahingegen
der Kenner, dem diese Unvollkommenheit ein=
leuchtet, beides häßlich findet. Ein schöner
Körper, in welchem sich unvermerkt eine starke
Krankheit entwickelt, ist zu dieser Zeit der Ent=

wickelung bereits unvollkommen, aber
häßlich zu werden fängt er erst dann an, wenn
diese Unvollkommenheit durch wirk=
liche Ausbrüche sinnlich wird. Eine
wohlthätige Handlung, die aus Eigennuß und
Heuchelei geflossen ist, ist unvollkommen,
für häßlich aber erklärt man sie erst dann,
wenn diese Triebfedern sichtbar geworden sind.
Unter diese Erklärung lassen sich alle Arten des
Häßlichen ordnen und auch die großen Verschie=
denheiten, die beim Urtheil des Häßlichen be=
merkt werden, daraus ableiten.

Dritter Abschnitt.

Von Verschiedenheit des Geschmacks.

§. 45.

Das Gefühl, wodurch man das Häßliche
und Schöne von einander unterscheidet heißt:
der Geschmack, und die Anlage zu diesem
Gefühle gehöret mit zum Wesen des Menschen.
Dies Gefühl wirkt gewöhnlich mit einer großen
Schnelligkeit und thut seine Aussprüche noch
ehe der Verstand Zeit gehabt hat, sich die Ursachen, warum etwas schön oder häßlich sei,
deutlich vorzustellen. Ob wir nun gleich in den
meisten Fällen nicht einmal im Stande sind,
davon die Gründe anzugeben; so ist doch dies
Gefühl oft so sicher, daß es nicht nur durch die
scharfsinnigsten Untersuchungen bestätigt wird,
sondern auch manchmal die Wahrheit richtiger
trifft, als diese.

§. 46.

Man hat die Frage aufgeworfen, ob der Geschmack für ein natürliches Vermöges zu halten sei oder nicht?

Wenn ein natürliches Vermögen dasjenige heißen soll, was aus der nothwendigen Einrichtung unsers Wesens unmittelbar entspringt; so ist der Geschmack allerdings ein solches Vermögen: Denn, da nach dieser Einrichtung unsers Wesens, der Trieb nach Vollkommenheit die Hauptquelle unserer Bestrebungen ist, so muß die Fähigkeit, das anschauliche Vollkommene von der anschaulichen Unvollkommenheit zu unterscheiden, freilich zu unserer Natur gehören.

Hiermit stimmt auch die Erfahrung überein. Kinder äußern schon in der frühen Jugend ein Wohlgefallen an gewissen Gegenständen des Auges und des Ohres, und ein Mißfallen an andern Objekten eben dieser Sinne. Auch ist noch kein Volk der Welt entdeckt worden, bei welchem sich nicht zum wenigsten einige Spuren dieses Gefühls gefunden hätten. Fast durchgängig hat man eine Neigung zum Putz wahr-

genommen, welche die Folge dieses Gefühls ist
und überall werden manche Arten des Betra»
gens für geziemend und schön, andere hin»
gegen für ungeziemend und häßlich ge»
halten.

Anmerk. Man vergleiche Forsters Reise um
die Welt. Th. 2. S. 183. ff.

§. 47.

Bei der Menge von Ursachen, welche das
natürliche Gefühl des Schönen modificiren,
kann man doch wahre und eingebildete
Schönheit von einander unterscheiden, denn
das wahre Schöne besteht in wahren
Vollkommenheiten, die durch natür»
liche Kennzeichen anschaulich gemacht
worden sind, wie z. B. die frische Farbe ei»
nes blühenden gesunden Körpers eine wahre
Schönheit ist: hingegen bestehet das einge»
bildete Schöne, in einer solchen Be»
schaffenheit, die bloß durch Konven»
tion und ein von der Natur abwei»
chendes Urtheil gefällt.

§. 48.

Dies kann auf eine doppelte Art geschehn, entweder, wenn man etwas für eine sinnliche Vollkommenheit hält, was dergleichen gar nicht ist, z. B. die kleinen Füße des chinesischen Frauenzimmers; wenn jemand an einer geliebten auch die Fehler schön findet, u. s. w. Oder wenn man wahre Vollkommenheiten auch dann für schön erklärt, wenn sie durch unschickliche Zeichen sinnlich werden, z. B. Tändeleien bei der musikalischen Mahlerei, erhabene Gedanken durch übelangebrachte Verzierungen verstellt.

§. 49.

Ist nun das Gefühl des Schönen so geübt, daß es das wahre vom eingebildeten Schönen richtig und schnell unterscheidet; so nennt man es den guten Geschmack und umgekehrt ist der Geschmack in eben dem Grade schlecht, in welchem er unfähig ist, das wahre und eingebildete Schöne von einander gehörig abzusondern.

Da nun das wahre Schöne dasjenige

ist, was in der Natur vorkommt, oder
in der Kunst nach Anleitung der Natur
nachgeahmt wird; so ist auch klar, daß der
gute Geschmack derjenige ist, welcher
der Natur folgt; denn die Natur drückt
jede wahre Vollkommenheit immer durch die
schicklichsten Merkmale aus und macht sie dadurch sinnlich. Aus diesem Grunde kann es
also auch nur Einen guten Geschmack geben, nämlich der, welcher der Natur
folgt und nur am wahren Schönen
Vergnügen und Genugthuung findet.

§. 50.

Die Natur ist in ihren Produkten und Veränderungen ungemein reich und fast bis ins Un-
endliche mannigfaltig. Es ist dahero nicht
möglich, daß eine Nation oder ein einzelner
Mensch alle Schönheiten derselben umfassen
und genug damit sollte bekannt seyn können.
Jedes Volk, jedes Individuum richtet sich hierbei vorzüglich nach seinen äussern Umständen
und wird daher diejenigen natürlichen Schönheiten am meisten zur Bildung seines Ge-

schmacks, die ihm sein Wohnplaß, seine Ver=
bindung und anderweitige Gelegenheiten be=
kannt machen, benußen. Die Folge hiervon
ist, daß der besondere Geschmack eines jeden
Menschen und einer jeden Nation nothwendig
etwas Einseitiges und Unvollkommenes haben
müsse, weil er sich nicht auf die Kenntniß der
ganzen schönen Natur gründet und die erwähnte
Frage (§. 46.) ist aus dieser Bemerkung leicht
zu beantworten.

§. 51.

Es giebt nur einen guten Geschmack, d. i.
derjenige, welcher der Natur folgt und der nur
am wahren Schönen Vergnügen und Genug=
thuung findet.

Aber dieser einzige gute Geschmack kann
mehrere Arten haben, so wie die Natur
selbst in ihren Schönheiten abwechselnd und
mannigfaltig ist. David singt in seinen Kriegs=
liedern anders, als Tyrtäus und dieser wieder
anders, als Ossian, und Gleim anders, als die
übrigen alle, und gleichwohl herrscht in den Ge=
sängen dieser so sehr verschiedenen Dichter ein
und ebenderselbe gute Geschmack, allein nach
ver=

verschiedenen Arten. Jeder ist in seiner Art
vortrefflich; daher kann jeder große Künstler,
Dichter, und Redner seine eigne Manier haben,
die der gute Geschmack billigen wird, wenn sie
gleich noch so sehr von einander verschie=
den sind.

§. 52.

Durch Uebung wird der Geschmack richtig
und fein. Uebung heißt hier aufmerksa=
mes und anhaltendes Betrachten na=
türlicher Schönheiten und Meister=
stücke der Kunst. Daß der Geschmack da=
durch gewinnen müsse, lehrt die Natur und die
Erfahrung. Er wird durch Uebung richtig,
d. h. zur Untersuchung des Schönen und Häß=
lichen fähig: er wird fein, d. h. so lebhaft,
daß er auch die kleinsten Fehler und Schönhei=
ten wahrnimmt.

§. 53.

Ein allgemeiner Geschmack ist nicht
möglich, d. h. ein solcher, in welchem sich
das Urtheil aller Menschen verein=
gen sollte, weil die unendlich mannichfalti=
gen Ursachen, welche die ganze Bildung und

D

das Urtheil eines jeden Menschen auf eine besondere Art bestimmen, alle Uebereinstimmung
unmöglich machen: dahingegen ist ein herr-
schender Geschmack möglich, d. h. ein solcher, nach welchem eine große Menge
in ihrem Urtheile über das Schöne
einstimmig ist.

§. 54.

Der herrschende Geschmack ist entweder
gut oder schlecht. Der gute Geschmack ist
im Grunde zu allen Zeiten bei denen herrschend,
die ein wahres feines Gefühl für das Schöne
haben; daher gefallen Meisterstücke der Dichtkunst in allen Zeitaltern und unter allen Völkern denen, die in ihrem Urtheil über das
Schöne der Natur folgen.

Gewöhnlich sagt man aber, der gute Geschmack sey herrschend, wenn der größte und
vorzüglichste Theil einer Nation das wahre
Schöne liebt. Daß es solche glückliche Zeit-
punkte bei manchen Völkern gegeben habe,
lehrt die Geschichte, so wie, daß diese nur immer sehr kurz und nicht allen Arten des Schönen
gleich günstig gewesen sey.

§. 55.

Der schlechte Geschmack ist dann herrschend, wenn der größere und vornehmste Theil
eines Volks entweder gar kein Gefühl für
das Schöne hat oder falsche Schönheiten liebt. Da die letztern von sehr mancherlei
Art sind; so sind auch die Gattungen des
schlechten Geschmacks sehr mannigfaltig und
abwechselnd.

§. 56.

Die Bildung des Geschmacks ist dahero für
die ganze sittliche Vollkommenheit von sehr
großer Wichtigkeit. Bei denen, welche die
schönen Wissenschaften und Künste selbst bearbeiten, ist die Sache ohnehin außer allem
Streit, weil der gute Geschmack sie überall lei-
ten muß, wenn sie mit Erfolge arbeiten wollen.
Aber auch für die Bildung des Menschen überhaupt ist es von dem größten Nutzen, das Gefühl des Schönen zu erwecken; denn hierdurch
wird die Seele gegen alles Wahre, Vollkommene und Gute, es bestehe worin es
wolle, empfänglicher und bekommt eine Vor-
liebe, die sich gegen dasselbe in ihrem ganzen

Verhalten zeigen wird. Dagegen wird der Abscheu gegen alles Unvollkommene, Niedrige, Häßliche und Böse immer stärker und derjenige, dessen Geschmack gehörig gebildet ist, wird die Häßlichkeit des Lasters eben so stark empfinden, als er die Fehler eines Gedichts oder den Mangel an Haltung in einem Gemählde empfindet.

Ueberhaupt wird der Mann vom Geschmack, alles mit mehr Anständigkeit, Nachdruck und Erfolg ausführen und daher in jeder Rücksicht bei sonst gleichen Umständen brauchbarer seyn, als derjenige, der gar keinen oder einen verdorbnen Geschmack hat.

§. 57.

Die Beispiele großer Künstler und Kenner, die in ihrem Fache ohnstreitig das feinste Gefühl des Schönen hatten und doch im übrigen sehr rohe ungebildete Menschen waren, beweisen nichts weiter, als daß eine einseitige Ausbildung des Geschmacks den hier genannten Nutzen nicht habe.

Ist das Gefühl des Schönen auf alle Arten

des Schönen ausgebreitet und für alle zugleich
geschärft worden, so muß nothwendig eine Vollkommenheit des Menschen daraus entspringen,
die sich dem höchsten Grade nähert, der unter unsern gegenwärtigen Umständen erreich-
bar ist.

Anmerk. Man kann über diese ganze Materie
nachsehen, Gerhards Versuch über den Geschmack. Breßl. 1766. Homes Grundsätze der
Kritik. Th. 3. c. 24. S. 427. ff. Sulzers
Theorie der schönen Künste und Wissenschaften,
unter dem Worte: Geschmack. Herders
Preisschrift von den Ursachen des gesunkenen
Geschmacks bei verschiedenen Völkern, da er
geblüht. Heyne Opusc. T. I. p. 1. ff. Herz
Versuch über den Geschmack und den Ursachen
seiner Verschiedenheit. Berl. 1790.

Vierter Abschnitt.

Von dem Wesen der schönen Künste und
deren Hauptgesetz.

§. 58.

Einen Gegenstand zu verschönern und
ihn dadurch wirksamer für unser Herz
zu machen ist das Werk der schönen Künste.
Dies zeigt schon ihre Benennung: Sie sollen
die unbequemen Hütten, die die Noth aufzu-
richten gelehrt hat, in schöne Gebäude und die
rohen Töne der Natur, in angenehme Harmonie verwandeln; sie sollen unsern Körper zu rei-
zenden Bewegungen gewöhnen und allen Gegenständen des Auges angenehme Umrisse,
Formen und Farben geben; der Sprache,
die ursprünglich ein unvollkommenes Werk der
Nothdurft ist, Wohlklang, Reichthum,
Feinheit verschaffen und sie dazu anwenden,

daß sie ein angenehmes und reizendes Gewand
für unsere besten Kenntnisse wird; sie sollen
endlich, mit einem Worte, die Empfindung
des menschlichen Geistes, auf die ihn ursprünglich Nothdurft, Bedürfniß und Zufall
brachte, ihre erste rohe Gestalt benehmen
und sie mit einer Anmuth, die durch ihre
Nutzbarkeit auch ergötzend wird, schmücken.

§. 59.

Ihr vornehmstes Gesetz muß also seyn, allem, was sie behandeln, so viel sinnliche Vollkommenheiten zu geben, als
es anzunehmen fähig ist, denn dies heißt
eben verschönern. Hat daher der Stof, den
sie bearbeiten, schon von Natur Vollkommenheit genug, ohne fremde Zusätze zu bedürfen;
so besteht ihr Werk darin, daß sie diese
Vollkommenheiten im vortheilhaften Lichte zeigen und sichtbar machen:
Ist der Stof dürftiger und leidet Zusätze neuer
Vollkommenheiten; so werden sie ihm diese geben und die gesammte Summe von vorzüglichen
Eigenschaften, die er besitzt, durch ihre Bear-

beitung anschaulich darstellen. Sobald dies
geschehen ist, haben sie nichts weiter zu thun;
denn die Wirkung, die sie in unserm Herzen
hervorbringen wollen, erfolgt dann von selbst.

§. 60.

Aus diesen Grundsätzen entspringen freilich,
sobald man dies auf den verschiedenen Stof, den
die schönen Künste bearbeiten, anwendet, eine
Menge besonderer Regeln, die sich in eigenen
Theorien abhandeln und weiter ausführen las=
sen: Aber eben diese Ausführung kann zum Be=
weis dienen, daß dieses Gesetz das letzte und
höchste seyn müsse, weil alle speciellen Gesetze
der einzelnen schönen Künste sich doch am Ende
in demselben vereinigen.

§. 61.

a) Kritik über das Wesen der schönen Künste.

Weil nun die besten Beispiele, wie gewisse
Vollkommenheiten anschaulich zu machen sind,
die Natur selbst (§. 49.) an die Hand giebt: So
sind dadurch manche veranlaßt worden, das
Wesen der schönen Künste und ihr

Hauptgeſetz in der Nachahmung der
ſchönen Natur zu ſetzen. Allein man
kann ihn ohnmöglich als das Hauptgeſetz der
ſchönen Wiſſenſchaften und Künſte gelten laſſen;
denn erſtlich erklärt er gar nichts, ob er gleich
anzeigt, nach welchem Muſter ſich der Künſtler
zu richten habe, wenn er glücklich arbeiten will,
zweitens iſt derſelbe ſehr unbeſtimmt und man=
nigfaltiger Erklärungen fähig; denn es bleibt
im erſten Falle die Hauptfrage, warum die
Nachahmung der Natur gefällt? dadurch un=
beantwortet, ſo wie im zweiten Fall, was der
Ausdruck: ſchöne Natur anzeigen und wo
der Künſtler die Gegenſtände ſeiner Nachah=
mung ſuchen ſoll, ſehr ungewiß.

Anmerk. Schon die Alten haben dies gethan,
unter den Neuern hat vornehmlich Batteux
alles auf dieſen Grundſatz zurückgeführt.

§. 62.

Wenn man das Weſen der ſchönen Künſte
erklären will, muß man deutlich zeigen, wie
die Nachahmung der ſchönen Natur
ein Mittel ſeyn könne unſer Herz in

Bewegung zu ſetzen und warum wir
gerade nur dann am gewiſſeſten gerührt werden, wenn der Künſtler der
Natur folgt? —

Man muß alſo die Mittel, die der höchſte
Künſtler, der Urheber der Natur, ſelbſt ange-
wandt hat, durch die Natur zu gefallen und
unſer Herz zu feſſeln, anzeigen und ſobald dies
erklärt iſt, läßt ſich die Urſache, warum der
Künſtler glücklich iſt, wenn er der Natur folgt,
von ſelbſt einſehen. Mithin iſt es auch einleuchtend, daß aus dem Grundſatze der Nachahmung dieſes wichtige Problem ſich nicht auf-
löſen laſſe.

§. 63.

b) Ueber den Begriff: Nachahmung.

Eben ſo unbeſtimmt iſt der Begriff der
Nachahmung, wie man auch aus der Anwendung ſieht, die einige davon gemacht haben;
denn bald ſoll der Begriff eben ſo viel heißen,
als eben das thun, was die Natur thut
und ſich nach ihrem Beiſpiele richten,
wie in der Mahlerei und Bildhauerkunſt, bei

den Umriſſen der Farbengebung der Perſpektive;
bald ſoll er bedeuten, nach einigen Anzeigen der
Natur, neue Regeln ausfindig zu ma-
chen, wovon keine Beiſpiele in derſelben zu finden ſind. — Dieſen Sinn muß
er in der Baukunſt, Muſik, Beredſamkeit und
Dichtkunſt haben. —

Endlich ſoll er auch noch anzeigen, daß man
die einzelnen Schönheiten der Natur ſammeln
und durch abſichtsvolle Verbindung derſelben
eine höhere Schönheit verſchaffen müſſe, als in
der Natur wirklich vorhanden iſt. — Dieſe
Bedeutung hat er manchmal in der Poe-
ſie, in den bildenden Künſten und in der
Tanzkunſt.

Aber eben wegen dieſer Vieldeutigkeit wird
derſelbe von dem Weſen der ſchönen Künſte
ganz und allein verwerflich und untüchtig, ihr
Hauptgeſetz zu ſeyn.

§. 64.

Unrichtig iſt es ferner, daß blos die ſchöne Natur nachgeahmt werden ſoll.

Die ſchönen Künſte dürfen nicht nur die

häßlichen Gegenstände ausdrücken, die in der
Nachahmung gefallen können, wenn sie gleich
in der Wirklichkeit verabscheuet werden, sondern sie sind auch oft gezwungen, dieses
zu thun.

Dies ist sonderlich in der Dichtkunst der
Fall, wo nicht nur gute und vortreffliche, sondern auch lasterhafte und abscheuliche Charakter
vorkommen können, und wo nicht nur reizende
und angenehme, sondern auch schauer- und
schreckensvolle Auftritte ausgedrückt werden
müssen. In der Komödie wird vorzüglich das
Lächerliche, mithin die häßliche Natur nachgeahmt, und daß in der Mahlerei häßliche Objekte der Natur und schreckliche Veränderungen,
z. B. Schlachten u. s. w. gefallen können, ist
bekannt.

Anmerk. Herz Verf. über den Geschmack ꝛc.
Berlin 1790. S. 98. ff.

§. 65.

Die Gegenstände und Mittel, deren die
schönen Künste überhaupt sich bedienen können,
um auf unser Herz zu wirken, sind entweder

unartikulirte Töne — woraus die Musik
entspringt — die übrigens, sie mögen durch die
Stimmen oder durch Instrumente hervorge=
bracht werden, der natürliche Ausdruck lebhaf=
ter Empfindungen und dahero eben ein sehr ge=
schicktes Mittel sind, Rührungen zu erwecken
und zu verstärken, wie z. B. eine Vokal= und
Instrumentalmusik: Oder natürliche Töne,
diese sind einer mannigfaltigen Verschönerung
fähig, mithin muß ihre Vorstellung nothwendig
den damit zu verbindenden Begriffen mehr Leb=
haftigkeit und Nachdruck verschaffen, — oder
Umrisse, Formen und Farben — näm=
lich Verschönerungen, die sich an den Gegen=
ständen des Auges anbringen lassen; — aus
diesen entspringen die vorstellenden = und
aus jenen die redenden Künste.

§. 66.

Da nun diese Gegenstände von so man=
cherlei Art sind auch auf mancherlei Weise
vollkommnere Umrisse, Formen und Farben
erhalten können; so wollen wir die schö=
nen Künste bloß aufzählen, und ohne uns

mühsam um eine systematische Eintheilung
derselben, die alle noch viel Schwankendes haben, zu bekümmern, die Mittel, deren sich
dieselben bedienen, und welche am aller-
nächsten auf unsere Vernunft wirken, aufsuchen.

Fünfter Abschnitt.

Von den schönen Künsten im weiteren Sinne,
oder schönen Wissenschaften.

§. 67.

Die redenden Künste, als Rede, und
Dichtkunst belegt man mit dem gemeinschaftlichen Namen der schönen Wissenschaften. Sie unterscheiden sich dadurch, daß sie
ihren Endzweck, Erregung schöner Empfindungen, ohne vorherige Bestechung der
äussern Sinne, und also gewissermaßen unmittelbar erreichen, von den darstellenden oder
schönen Künsten in engerer Bedeutung, welche diesen ihren erhabenen Endzweck
blos durch vorhergehende Reizung und Vergnügung der äußern Sinne erreichen.

Diese Absonderung ist auch nicht ohne
Grund, denn 1. haben die redenden Künste,

64

ihrer Natur nach, gewisse Merkmale, wodurch
sie von den darstellenden Künsten sehr abwei‐
chen; 2. bedienen sie sich willkührlicher Zeichen
ihre Vorstellungen auszudrücken, jene aber kön‐
nen bloß natürliche Zeichen brauchen und endlich
3. stellen die redenden alles successive dar und
geben der Seele die Vorstellung des Ganzen,
das sie bereiten, nur nach und nach, die darstel‐
lenden Künste hingegen geben ihr das Ganze
auf einmal und durch einen einzigen Haupt‐
eindruck.

1. Anmerk. Schöne Kunst heißt die Fertig‐
keit nach gewissen Regeln, angenehme und
schöne Empfindungen mitzutheilen. Die Benen‐
nung schöne Künste findet Heydenreich (Sy‐
stem der Aesthetik 1. Th. S. 200 ff.) sehr man‐
gelhaft, und will sie lieber Künste der Em‐
pfindungen zum Unterschiede der schönen
Wissenschaften benennt wissen, er selbst
bleibt sich jedoch nicht überall treu, sondern
bedient sich auch ebenfalls des Ausdrucks schö‐
ne Künste.

2. Anmerk. Nach der gewöhnlichen Einthei‐
lung der schönen Künste zerfallen selbige in
schöne

schöne. und mechanische Künste; durch
letztere will man die Veredlung der Befriedi-
gungsmittel körperlicher Bedürfnisse und durch
erste die Veredlung der Empfindungen und des
Geistes beabsichtigen: Die besondern und verschiedenen Eintheilungen der schönen Künste findet man in Sulzers allg. Theorie der schönen
Künste rc. Lpz. 1770. 1787. 1792. Steinbarts
Grundbegriff z. Phil. über den Geschmack, im
1. Hft. Züllich. 1785. Heydenreichs System
der Aest. Lpz. 1790. Eberhards Theorie der
schönen Wissenschaft. Halle 1783. Kants Kritik der Urtheilskraft. Berl. und Leipz. 1790. —
Durch alle diese Eintheilungen wird jedoch, in
Beziehung der Klassifikation der schönen Künste, die allgemeine Verwirrung weder gehoben,
noch vermindert, vielmehr dieselbe fortge-
pflanzt: Sollen dahero die schönen Künste eine
bestimmtere und der Natur angemeßnere Eintheilung erhalten; so muß man selbige nur
in zwei Klassen abtheilen, und zu der ersten diejenigen Künste rechnen, die ihren Endzweck, Erregung schöner Empfindungen, unmittelbar erreichen; —

diese Klasse würde man mit dem Namen:
schöne Wissenschaften belegen können, —
in die zweite hingegen würden diejenigen
gehören, welche diesen Endzweck mit-
telbar durch Reizung und Vergnügung erreichen — dieser Klasse würde man
sodann den Namen der schönen Künste bei-
legen und dazu rechnen können: die Bau- Gar-
ten- Mahler- Kupferstecher- Radir- Schwarz-
Bildhauer- Stein- und Stempelschneider- Ton-
Tanz- und Schauspielerkunst. —

A. Von der Redekunst.

§. 68.

Die Redekunst lehret, wie man in allen Arten des Vortrags Schönheit
und Annehmlichkeit mit Deutlichkeit
und Gründlichkeit verbinden, d. h. durch
sinnliche vollkommene Darstellung
richtiger Gründe den Zuhörer über-
führen und in Bewegung setzen soll.

§. 69.

Alle Materien, die der Redner behandeln
kann, lassen sich in drei Klassen vertheilen,

·die von den alten Rhetoren tria genera cau-
farum genannt werden. Die erſte Gattung betrifft Anklage und Vertheidi-
gung, und heißt daher bei ihnen: genus
judiciale; dahin gehöret alles, wodurch
moraliſche Schuld oder Unſchuld ins
Licht geſetzt wird, es geſchehe ſolches vor Ge-
richte oder nicht.

§ 70.

Die zweite Gattung nannten die Alten
genus demonſtrativum und enthält Lob und
Tadel: Hierher wird alles gerechnet, was
den Werth oder Unwerth gewiſſer Eigenſchaften, Geſinnungen, Thaten
und Begebenheiten beſtimmen kann.

§ 71.

Die dritte Gattung beſteht im Rathen
oder Widerrathen und wird von den Alten
genus deliberativum genannt; ſie umfaßt
alles, wodurch die Nutzbarkeit oder
Schädlichkeit irgend einer Unterneh-
mung des Entſchluſſes angezeigt werden kann. Dieſe ſo alte Eintheilung iſt noch

E 2

immer brauchbar, weil alles, was auch ein
neuer Redner vorzutragen hat, unter eine die,
ser Gattungen gehört. Daß in einer und eben
derſelben Rede auch etwas aus allen drei
Klaſſen vorkommen kann verſteht ſich von
ſelbſt.

§. 72.

Uebrigens gehet ſchon aus dem Begriffe der
Redekunſt hervor, daß ſie ſich auf künſtliche Re‑
den, die vor öffentlichen Verſammlungen gehal‑
ten werden, nicht blos einſchränkt, ſondern,
daß ſie ſich auch über alle Arten des Vortrags,
er ſey mündlich oder ſchriftlich, ausbreitet.
Sie lehrt überall, in vertraulichem Ge‑
ſpräche, in Briefen, in gelehrten Unterſuchun‑
gen und Abhandlungen, in hiſtoriſchen Aufſätzen
und der Geſchichte überhaupt und endlich in län‑
gern und mündlichen Vorträgen Deutlich‑
keit mit Anmuth verbinden und be‑
ſtimmt die beſte Art der Einkleidung
und des Tons, der in jeder Art herr‑
ſchen ſoll und dem guten Geſchmacke ge‑
mäß iſt.

§. 73.

Die Redekunſt iſt unter den ſchönen
Künſten vielleicht die Nützlichſte und zwar deshalb, weil ſie nicht nur das beſte Mittel iſt,
die Menſchen vernünftig und geſittet zu machen;
Weisheit und Tugend durch ſie fortzupflanzen,
zu pflegen und zu empfehlen, ſondern auch,
weil ſie uns dadurch, daß ſie allen Dingen, die
durch die Rede ausgedrückt werden, Schönheit und Reiz ertheilt, und die edelſten Freuden verſchafft.

Anmerk. Die Theorie dieſer Kunſt iſt am voll-
kommenſten bearbeitet. Die vorzüglichſten
Schriften darüber ſind: Ariſtotelis artis
rhetoricae L. III. die man bei ſeinen Werken,
auch oft einzeln, mit Erläuterungen abgedruckt
findet. Ciceronis opera rhetorica, unter welchen die drei Bücher de oratore nicht nur das
Vollſtändigſte und Beſte, ſondern auch in Abſicht auf ihre Einkleidung ſelbſt ein Meiſterſtück
der Beredſamkeit ſind, und Quinctiliani
de inſtitutione oratoria L. XII. Die Neuern
haben wenig Beträchtliches zur Theorie der Beredſamkeit hinzufügen können; daher es denn

nicht nöthig ist, die zahlreichen Rhetoriken anzu-
führen, die in neuern Zeiten geschrieben worden
sind. Doch verdienen einige Werke: Fenelon
Gespräche über die Beredsamkeit, Paris 1718.
Ernesti initia rhetorica. Hugo Plairs
Vorlesungen über die Rhetorik und die schönen
Wissenschaften. 2. Theil. vorzüglich bemerkt
zu werden: Insonderheit aber ist Adelung
über den teutschen Styl, wegen der besseren
Entwickelung der Begriffe und Ableitung der
Regeln aus ihren Gründen. 3. Th. 8. zu
vergleichen.

B. Von der Dichtkunst.

§. 74.

Die Dichtkunst lehrt allen Vorstellungen, die sich mit Worten ausdrücken lassen, den höchsten Grad von
sinnlicher Kraft geben, d. h. sie zeigt
die Mittel, wodurch man allem, was
durch Worte ausgedrückt werden kann,
den höchsten Grad von rührender
Kraft verschaffen soll.

§. 75.

Jede Reihe von Vorstellungen nun,
die den höchsten Grad von sinnlicher
Kraft hat, deren sie in ihrer Art fähig war, heißt ein Gedicht. Der Begriff
des Gedichts selbst ist schwer und behält immer
einige Unbestimmtheit; denn, da sich das Gedicht von einem Werke der Beredsamkeit nur
durch den Grad von sinnlicher Vollkommenheit
unterscheidet: So läßt sich freilich die Gränz-
linie nicht völlig genau ziehen, wo eine sinnliche
vollkommene Rede anfängt ein Gedicht zu werden.   Das Sylbenmaas läßt sich auch nicht
zum unterscheidenden Merkmale machen, weil
es da seyn kann, ohne daß eine gewisse Rede
dadurch zu einem Gedichte würde. Es ist z. B.
eine gereimte Chronik kein Gedicht, wenn
außer Reim- und Sylbenmaas nichts hinzu gekommen ist, die historische Wahrheit zu verschönern.

§. 76.

Die wahre Natur eines Gedichts
bestehet also in der Lebhaftigkeit der Bilder und der sinnlich vollkommenen

Einkleidung, die man einer Reihe von
Vorstellungen gegeben hat. Ist diese
Einkleidung so beschaffen, daß sie sich vom gemeinen Leben durch ihre Stärke und Lebhaftigkeit sehr entfernt; so werden die so behandeln-
den Gedanken zu einem Gedichte.

Es kann dahero in einem Gedichte gleichwohl
das Sylben.maas fehlen und ein solcher Aufsatz
dennoch ein Gedicht seyn, z. B. Geßners Idyl-
len, sein Tod Abels u. s. w.

§. 77.

Da sie nun ihren Stof auf mancherlei Art
bearbeiten; so erhalten wir vier Hauptgat-
tungen von Gedichten. Diese sind a) lehrende, b) dramatische, c) lyrische und
d) epische. Man hat sich zwar Mühe gegeben,
auch für diese Dichtungsarten einen bequemen
Eintheilungsgrund zu finden, der etwas beitragen könnte, die Natur einer Idee bestimmter
anzuzeigen und zu beschreiben: Allein, alle bis-
herige Versuche sind wohl größtentheils um deshalb mißlungen, weil sich bei der zu großen
Verwandschaft, in der sie mit einander stehen,

eine völlig ausreichende und genaue Eintheilung
nicht einmal machen läßt.

Anmerk. Man sehe hierüber Schlegels Abhandlung von der Eintheilung der Poesie im
2. Th. seiner Uebersetzung des Batteux Abhandlung 7. Das beste darüber aber findet man
in Professor Engels Anfangsgründen einer
Theorie der Dichtungsarten.

a) Von den Lehrgedichten.

§. 78.

Ob nun zwar jedes Gedicht in gewisser Rücksicht lehrreich seyn soll; so ist der Unterricht doch nicht bei allen die Hauptabsicht.
Die lehrende Dichtungsart ist also diejenige, wobei Unterricht und Besserung
der Hauptzweck ist: Sie bestehet dahero in
verschiedenen Arten, unter welchen das eigentliche Lehrgedicht den Vorrang hat, weil
es unter die nützlichsten Arten der Gedichte
gehöret.

§. 79.

Unter dem Lehrgedichte verstehet man dasjenige, welches ein gewisses System

74

von Wahrheit zusammenhängend vor=
trägt. Der Inhalt solcher Gedichte kann
nun entweder ein System spekulativer
Wahrheiten seyn, wie z. B. Popes Ver=
such über den Menschen; Youngs Nachtgedan=
ken; Hallers Gedicht vom Ursprunge des Uebels
u. s. w. — Oder, eine moralische Wahr=
heit im Zusammenhange vorstellen,
wie z. B. in Gellerts Reichthum und Ehre;
Uzens Kunst stets fröhlich zu seyn u. s. w. —
Oder, die Theorie einer Kunst und eine
Menge praktischer Regeln, wie Popes
Versuche über die Kritik u. s. w. enthalten, oder
es kann endlich ein wohlgeordnetes Ge=
mähl de natürlicher Gegenstände seyn,
wie z. B. Thomsons Jahrszeiten; Hallers
Beschreibung der Alpen; Kleists Frühling
u. s. w.

> Anmerk. Daß das Lehrgedicht mit unter die
> nützlichsten Arten der Gedichte gehöre, erhellet
> aus den Inhalt derselben. Weitere Erklärun=
> gen kritischen und litterärischen Inhalts über
> diese Dichtungsart giebt Durst in seinen Brie=
> fen zur Bildung des Geschmacks.

α) Die Satyre.

§. 80.

Unter die eigentlichen Lehrgedichte gehöret auch die Satyre, d. i. dasjenige Gedicht, in dem herrschende Thorheiten und Laster von ihrer lächerlichen Seite vorgestellt werden, um Abscheu dafür zu erregen. Ueberhaupt gehört in das Gebiete der Satyre jede Abweichung von Vernunft, Tugend, Geschmack und Wohlstand, welche wichtig genug ist, öffentlich getadelt zu werden: Und weil der Endzweck der Satyre ist, solche Ausschweifungen dadurch, daß man ihre lächerliche Seiten aufdeckt, verhaßt zu machen; so gehört sie mit unter die nützlichsten Dichtungsarten, wovon uns in den neuern Zeiten Butler, Swift, Young, Boileau, Haller, Rabner und Wieland die besten Muster dieser Art gegeben haben.

Anmerk. Unter den Alten haben Luzian, Horaz, Juvenal und Persius gute Muster dieser Gattung von Gedichte gegeben. Das gelehrteste Werk über die Litteratur der Satyre

ift: Flogels Geschichte der komischen Litteratur. 4 Bände. 8.

β) Die äsopische Fabel.

§. 81.

Auch setzt man unter die Lehrgedichte die
äsopischen Fabeln. Hierunter versteht
man eine kurze Erzählung von einem
besondern Falle, wodurch ein allgemein moralischer Satz anschaulich gemacht wird. Gemeiniglich handeln Thiere
in der Fabel und man wählt sie deswegen, weil
sie, nach der gemeinen Meinung der Menschen,
einen bestimmten moralischen Charakter, der
allgemein bekannt ist, haben.

Diese Art Gedichte darf man dahero nur
blos nennen, so weiß Jedermann, was er von
den Handelnden zu denken hat, und eben dadurch gewinnt die Erzählung selbst an Deutlichkeit und Kürze. Die äsopische Fabel ist übrigens eine der ältesten und gemeinnützigsten
Dichtungsarten.

Anmerk. Die Männer, welche die äsopischen
Fabeln vorzüglich bearbeitet haben, sind be-

kannt; allein ihre Natur und ganze Beschaffenheit hat Leffing in den Abhandlungen über
die Fabel, welche den drei Büchern seiner eigenen Fabel beigefügt find, am besten erklärt.

γ) Die poetische Epistel.

§. 82.

Unter diese Gattung gehören ferner noch die
poetischen Episteln oder die an einen Ab-
wesenden gerichtete poetische Erklärung gewisser
Gesinnungen und Leidenschaften. Der Inhalt
solcher Briefe kann sehr verschieden seyn, und
nach demselben muß sich auch der Ton und die
Einkleidung richten. Horaz, Ovid, Voltaire,
Pope, Uz, Gotter, Wieland und Göckingk
haben die besten Muster dieser Art geliefert.

δ) Das Epigramm oder Sinngedicht.

§. 83.

Endlich kann man unter die Lehrgedichte
auch das Epigramm oder Sinngedicht
noch zählen. Diese Dichtungsart bestehet in
einem kurzen Gedichte, in dem etwas merkwürdiges auf eine unerwartete Art

so dargeſtellt wird, daß man es mit
einem Blicke überſehen kann: Sie
ſcheint aus Aufſchriften auf Denkmälern ent-
ſtanden zu ſeyn, und dahero ſind ihre Haupt-
eigenſchaften Kürze und möglichſte Deutlichkeit,
wodurch vieles mit wenig Worten ausgedrückt
wird. Der Endzweck deſſelben iſt alſo nicht nur
die Erhaltung einer merkwürdigen Begebenheit,
ſondern bald Lob und Tadel, bald aber auch
das Vergnügen und die Bewunderung, die
aus der Vorſtellung eines unerwarteten Einfalls
entſpringt. Beiſpiele davon geben uns Leſſing
und Herder.

Anmerk. Beiſpiele der Alten geben uns die Verfaſſer, deren Sinngedichte in den griechiſchen
Anthologien geſammelt ſind, ſonderlich aber
Martial. Unter den Neuern hat Leſſing im
1. Th. ſeiner vermiſchten Schriften nicht nur
vortreffliche Beiſpiele von guten Epigrammen
gegeben, ſondern auch die Natur dieſer Dichtungsart in den beigefügten Abhandlungen am
beſten erklärt. Auch ſehe man hierüber nach
Herders zerſtreute Blätter 1te und 2te
Sammlung.

b) Von dramatischen Gedichten.

§. 84.

Ein dramatisches Gedicht ist dasjenige, welches eine gewisse Begebenheit so darstellt, daß die handelnden Personen ihre Gesinnungen selbst äußern und alles selbst ausführen. In dramatischen Gedichten wird die Hauptsache nicht erzählt, sondern wir sehen sie vor unsern Augen vorgehen und geschehn.

Jedes Gedicht dieser Art ist daher eine Fabel — worunter man die Begebenheit selbst mit ihren Umständen versteht, welche der Dichter bearbeitet hat, sie mag nun erdichtet oder wahr seyn — und eine Handlung, welche die ganze Folge von Veränderungen und Ursachen ist, durch welche die Begebenheit bewirkt wird.

1. Das Trauerspiel.

§. 85.

Unter die vorzüglichsten Arten dieser Gattung gehört das Trauerspiel oder die dramatische Vorstellung einer ernsthaf-

ten und wichtigen Handlung. Eine
Handlung kann ernſthaft und wichtig werden und mithin der Stof eines Trauerſpiels
ſeyn, entweder, wegen der Charaktere, die
ſie ausführen und die eine ungemeine Größe im
guten oder böſen Verſtande zeigen, z. B. im
König Lair des Shakſpear; oder wegen einer
ausſchweifenden Leidenſchaft, die keine
Gränzen kennt, z. B. die Eiferſucht im Mohr
von Venedig des Shakſpears; oder, wegen
ungemeiner Unglücksfälle und trau-
riger Begebenheiten, z. B. in der Emilie
Galotti von Leſſing; oder endlich, wegen einer
wichtigen und gefahrvollen Unter-
nehmung, z. B. im Hamlet von Shakſpear
u. ſ. w.

Gemeiniglich vereinigen ſich dieſe vier Um-
ſtände in dieſer Dichtungsart und machen das
Tragiſche in einem guten Drama zugleich aus.
Doch wird man finden, daß faſt immer einer
die Hauptſache und Grundlage der Handlung
iſt; die übrigen aber mehr oder weniger beitragen, die Handlung zu befördern und zu
heben.

Anmerk.

Anmerk. Man vergleiche Sulzers Theorie
der schönen Künste und Wissenschaften bei diesem Artikel, und die Abhandlung vom Trauerspiele, welche im ersten Bande der Bibliothek
der schönen Wissenschaften zu finden ist.

2. Das Lustspiel.

§. 86.

Unter die dramatischen Gedichte wird das
Lustspiel oder die dramatische Vorstellung einer Begebenheit des gemeinen
Lebens, welche die Zuschauer belustigt
und belehrt, gerechnet: Daß hierher auch
vorzüglich das Ungereimte und Thörichte
im Betragen und in den Unternehmungen der Menschen gehört, versteht sich
von selbst.

Komisch ist daher alles, was zu einer
interessanten Vorstellung gewöhnli-
cher menschlicher Sitten tauglich ist.
Und da das Lustspiel vorzüglich das Lächerliche
in den Charaktern der Menschen aufdeckt; so
nennt man bisweilen auch dasjenige komisch,
was das Ungereimte in dem Betra-

F

gen der Menschen auf eine lebhafte
Art sichtbar macht.

3. Das Schauspiel.

§. 87.

In den neuern Zeiten hat man angefangen, eine Mittelgattung von Trauer- und Lustspiel zu verfertigen, welches zwar einen frohen
Ausgang nimmt, in der Handlung selbst aber
so viel tragisches enthält, daß nicht sowohl Belustigung, als vielmehr starke Rührung und
Belehrung der Hauptzweck des Dichters ist.
Diese nennt man Schauspiele. Ein sehr
gutes Beispiel eines ernsthaften Schauspiels
dieser Art ist der teutsche Hausvater u. s. w.

Anmerk. Einen Versuch über die Komödie
kann man im 28. Bande der neuen Bibliothek
der schönen Wissenschaften nachsehen.

4. Das Schäfergedicht.

§. 88.

Endlich läßt sich zur dramatischen Gattung
das Schäfergedicht rechnen. Man versteht
darunter sinnlich vollkommene Vorstel-

lungen von den Empfindungen und
Begebenheiten eines glücklichen Hir-
ten und Landvolks.

In den meisten Hirtengedichten werden gewisse Personen, als redend und handelnd eingeführt und daher kann man sie, als einzelne
Scenen, die ganz im dramatischen Geschmacke
bearbeitet sind, betrachten, auch hat man ganze
Dramata dieses Inhalts. — Es sind jedoch
nicht alle dergleichen Gedichte von der angezeig-
ten Beschaffenheit: Manche sind lyrisch, andere
episch und wir rechnen sie blos deswegen, weil
die größte Anzahl doch immer dramatisch bleibt.

Daß es beim Hirtengedichte auch auf ungekünstelte Leichtigkeit der Sprache, auf die naive
Aeußerung unverdorbener Empfindungen eines
guten natürlichen Verstandes und auf die Auswahl angenehmer und lieblicher Scenen der
Natur ankomme, ist aus dem Begriffe dieser
Dichtungsart klar.

Anmerk. Man vergleiche die Litteraturbriefe
Th. 5. S. 113 — 136. und die bukolischen
Dichter des Alterthums. Berl. 1789. worin-

84

xen weitläufige Untersuchungen über das Hir=
tengedicht vorkommen.

c) Von lyrischen Gedichten.

§. 89.

Diese haben ihren Namen von der Lyra,
zu der sie abgesungen wurden und sollen daher
in ihrer ganzen Einrichtung singbar seyn, d. h.
sie sollen ein regelmäßig abwechselndes Sylben=
maas haben.

Sie sind der Ausdruck lebhafter Empfin=
dungen, und eben daher dürfen sie nicht matt,
nicht gedehnt und lang, nicht methodisch
disponirt, sondern kurz und in allen Thei=
len stark seyn. Man kann daher sagen, die
lyrische Dichtungsart sey diejenige, welche
lebhafte Empfindungen auf eine sing=
bare Art ausdrückt. Diese Gattung hat
mehrere besondere Arten, die sich aber, da sie
nahe an einander gränzen, etwas schwer unter=
scheiden lassen.

α) Das Lied.

§. 90.

Man rechnet unter diese Gattung das Lied,
und verstehet darunter dasjenige Gedicht,

welches irgend eine starke Rührung
der Seele auf eine leichte und singbare Art ausdrückt. Das Lied hat also
gleiche Strophen, die sich nach einerlei Melodie absingen lassen, ist natürlich und allgemein
faßlich, dabei aber lebhaft genug, um das
ganze Herz mit der Empfindung zu erfüllen, die
der Dichter erwecken wollte. Lieder sind daher
sonderlich für den großen Haufen von unbe-
schreiblicher Wichtigkeit und das beste Hülfsmittel, gute Ueberzeugungen und Gesinnungen
auszubreiten und zu stärken.

Anmerk. Man sehe hierüber nach Jakobi
Abhandlung über das Lied im 6. Bande
der Iris.

β) Die Ode.

§. 91.

Die Ode, oder dasjenige Gedicht,
worin die Empfindungen eines Be-
geisterten über irgend einen Gegenstand auf eine singbare Weise ausgedrückt werden, wird ebenfalls unter diese
Gattung gezählt.

Sie ist in ihrem Sylbenmaaße abwech-

felnder und freier, in ihrem Plane regel-
loser und in ihrem Ausdrucke erhabener
und kühner, als das Lied, weil sie die Frucht
der höchsten Begeisterung, die ein gewisser Gegenstand bei einem Dichter hervorgebracht hat,
seyn soll. Sie erlaubt sich dahero unter allen
Dichtungsarten den höchsten Schwung und
die kühnsten Wendungen, kann aber eben
deswegen, weil der außerordentliche Zustand
der Begeisterung nicht dauerhaft ist, kein lan-
ges Gedicht seyn.

Anmerk. Man vergleiche d'Alambert Be-
trachtungen über die Ode im 5. Bande seiner
vermischten Aufsätze und die Recension der
Klopstockschen Ode im 19. Bande der Allgem.
teutschen Bibliothek.

γ) Die Hymne.

§. 92.

Die Hymne wird ebenfalls unter die lyrischen Gedichte gezählt. Sie ist dasjenige
Gedicht, welches die Empfindungen,
und die Anbetung der Bewunderung
gegen ein höheres Wesen auf eine

lebhafte Art ausdrückt. Sie ist eine Art
von Ode und hat dahero auch überhaupt einerlei
Charakter mit derselben, nur mit dem Unterschiede, daß in der Hymne die herrschende Empfindung Andacht und Bewunderung der Gott-
heit herrscht.

Anmerk. Von den alten Hymnen der Griechen
kann man sich aus denen, die den Homer bei-
gelegt werden und aus dem Kallymachus die
beste Vorstellung bilden.

3) Die Elegie.

§. 93.

Zuletzt kann man noch hieher die Elegie
rechnen. Man versteht darunter diejenige
Art vom singbaren Gedichte, in welchem sanfte Leidenschaften, auf eine
kunstlose Art, in einer rührenden
Sprache abgefaßt sind. Die Elegie ver-
trägt das Feuer der Begeisterung nicht, welches
in der Ode und Hymne herrscht, sondern ist die
Aeußerung einer stillen Traurigkeit, einer sanften Freude, einer zärtlichen Liebe. Dabei ist
sie nicht so kurz, wie das Lied, sondern etwas

88

geschwäzßiger, und die Alten hatten eine beson=
dere Versart für dieselbe, die sich zu der natür=
lichen Sprache, welche die Elegie haben soll,
sehr gut schickt. Die alten Dichter, sonderlich
Tibull, Properz und Ovid haben, wie bekannt,
die besten Muster in dieser Dichtungsart hin=
terlassen.

Anmerk. Zu den lyrischen Gedichten läßt sich
auch das Bardenlied noch setzen, über wel=
ches man gute Anmerkungen nebst einer Ver=
theidigung desselben in Kretschmanns Vor=
rede zu seinen sämmtlichen Werken, Th. 1. fin=
det, und über die Natur der Elegie stehet viel
Gutes in den Litteratur-Briefen, Th. 13.
S. 69 — 83.

d) Von epischen oder Heldengedichten.

§. 94.

Die letzte Hauptgattung der Gedichte ist die
epische oder das Heldengedicht; hierunter
versteht man dasjenige Gedicht, in wel=
chem eine wunderbare, wichtige Hand=
lung in einer feierlichen Sprache so
erzählt ist, daß dadurch eine starke
Rührung hervorgebracht wird.

Die Epopee besingt allezeit nur eine Haupthandlung; alles, was sie enthält, muß mit derselben in Verbindung stehen. Die Einheit der Handlung muß wichtig seyn und durch ihre Größe, durch die Schwierigkeiten, mit denen sie verbunden ist und durch die Charaktere der handelnden Personen, sonderlich der **Hauptperson, Aufmerksamkeit** erwecken und **interessiren.** Die Personen selbst, welche Antheil daran haben, müssen genau geschildert und ihre Charaktere durch Handlungen ins größte Licht gesetzt werden, auch muß endlich die Sprache so feierlich und erhaben seyn, wie es die Größe des Gegenstandes und der Zweck des Dichters, um eine lebhafte Rührung zu bewirken, erfordert.

1. Die hohe Epopee.

§. 95.

Das große Heldengedicht ist wegen seines **mannigfaltigen Inhalts,** wegen der **hohen Empfindungskraft,** die es bei dem Dichter voraussetzt, und wegen seiner **nutzbaren Vortrefflichkeit** das höchste Werk der schönen Künste.

Es ist daher zu allen Zeiten nur wenig außerordentlichen Köpfen gelungen, dasselbe mit glücklichem Erfolg zu bearbeiten. Homer, Virgil, Tasso, Milton und Klopstock sind die wenigen großen Dichter, deren Werke hier als Muster genannt werden können: Andere, die das nämliche versucht haben, sind offenbar, wo nicht ganz unglücklich gewesen, doch zu weit unter der hohen Vollkommenheit geblieben, die hier erforderlich ist.

2. Das komische Heldengedicht.

§. 96.

Außer der hohen Epopee gehört noch hierher, das komische Heldengedicht, d. i. dasjenige, in welchem eine unwichtige Sache auf eine feierliche Art und mit Beimischung wunderbarer Erfolge dergestalt erzählt wird, daß alles dadurch ein lächerliches Ansehen bekommt: es verhält sich zur hohen Epopee wie die Komödie zum Trauerspiel.

Anmerk. In den neuern Zeiten sind Pope, wegen seines Lockenraubes, Boileau, wegen

seines Pultes, Uz, Dusch und Wieland in
derselben vorzüglich glücklich gewesen.

3. Das Hirtengedicht.

§. 97.

Unter die epische Gattung gehört das Hir-
tengedicht, wo der Stof aus dem Schä-
ferleben entlehnt und die ganze Handlung dem Charakter desselben gemäß
ausgeführt wird, z. B. Geßners Tod
Abels und Daphnis.

4. Der Roman.

§. 98.

Die Romane gehören ebenfalls hierher.
Eigentlich sollte dieser Ausdruck nur von Erzählungen abentheuerlicher Unternehmungen und
Thaten gebraucht werden, weil Gedichte dieser
Art in den ehemaligen Zeiten Romane hießen:
daher das Romanhafte immer den Gegen-
satz des Gewöhnlichen und Natürlichen
anzeigt. Wielands Oberon ist vielleicht das
vollkommenste Beispiel eines solchen Romans
im alten Geschmacke, das jemals geschrieben
worden.

In den neuern Zeiten aber hat man angefangen die Romane mehr der Natur und der
wahren Geschichte zu nähern und sie zu unter-
haltenden Erzählungen interessanter Begebenheiten zu machen, in welchen die menschlichen
Leidenschaften und Sitten nach der Natur mit
allen ihren Folgen geschildert und in Handlungen gezeigt werden sollen.

§. 99.

Erfüllt ein Roman diese Bestimmung; so
gehört er unstreitig unter die lehrreichsten und
angenehmsten Gedichte, aber auch zugleich unter die Schwersten, weil ohne tiefe Kenntniß der Welt und des menschlichen Herzens, ohne eine reiche und fruchtbare
Einbildungskraft und ohne den richtigsten Geschmack hier nichts Beträchtliches ge-
leistet werden kann. Kleinere Erzählungen dieser Art, wenn sie in die Form eines Liedes gebracht und im naivern, etwas altväterischen
Tone vorgetragen sind, heißen Romanzen.
Vorzüglich reich an dieser Dichtungsart ist
Spanien.

Anmerk. Als eine Theorie dieser Dichtungsart gehöret hierher von Blankenburgs Versuch über den Roman. Leipz. 1775. Genauere Regeln, nach welchen die bisher genannten Gedichte zu beurtheilen sind und nach dem sich ein Dichter überhaupt zu richten hat, enthält die Poetik oder die Theorie der Dichtkunst Die besten Schriften hierüber dürften folgende seyn: Aristotelis de poetica und Horatius de arte poetica; beide Werke findet man in Batteux quatres poetiques in Verbindung mit dem was Vida und Boileau darüber geschrieben haben, Paris. 1771. Breitingers kritische Dichtkunst, Zürch. 1740 Marmontels Poetik, 2. Th. ist ins Deutsche übersetzt. Schmids Theorie der Poesie, nach den neuesten Grundsätzen, ist in Leipzig herausgekommen und besteht in drei Bänden.

§. 100.

Die Dichtkunst hat übrigens große Verdienste um die menschliche Gesellschaft; denn sie hat nicht nur die Empfindung des Guten, Edlen und Schönen bei ungebildeten und

rohen Völkern erweckt und bei gebildetern ge=
nährt und geschärft, sondern ist auch zu allen
Zeiten die beste Lehrerinn nützlicher Kenntnisse
und Wahrheiten gewesen und hat bei rohen
Völkern und unter dem gemeinen Haufen
eine Menge nützlicher Begriffe, die man ver=
gessen und nicht geachtet hätte, wenn die Reize
der poetischen Einkleidung ihnen nicht zu statten
gekommen wären, im Umlaufe erhalten.

§. 101.

In den ältesten Zeiten ist die Dichtkunst
auch die Bewahrerinn der Geschichte gewesen
und hat das Andenken großer Männer unter
jedem Volke, zur Ermunterung ihrer Nach=
kommen, erhalten. Selbst die Gesetze hat sie,
durch ihre Bearbeitung, faßlicher und angeneh=
mer gemacht und ist, unter vielen Völkern der
alten Welt, für die Gesetzgebung gebraucht
worden, um die Ausführung heilsamer Ent=
würfe vorzubereiten und zu befördern.

§. 102.

Wenn man noch hierzu die Summe der

Freuden, die sie den Menschen zu allen Zeiten
verschafft hat, und die durch ihre edle Natur
selbst vieles beitragen den Geist zu bilden und
ihn vollkommener zu machen, rechnet: So wird
man nicht läugnen können, daß sie unter allen
schönen Künsten am stärksten und allgemeinsten
gewirkt und zur Ausbildung des menschlichen
Geistes am mehresten beigetragen hat. Wenn
sie auch gleich die Erhalterinn und gewissermaßen
die Mutter des Aberglaubens und der Abgötte-
rei unter den meisten Menschen der Erde gewesen
ist, — wodurch ihre Verdienste um die Mensch-
heit merklich vermindert werden —; so wird dieser Mißbrauch, der doch überall nie ganz allgemein gewesen ist, der Vortrefflichkeit der
Dichtkunst überhaupt nicht nachtheilig seyn,
denn er war fast größtentheils eine nothwendige
Folge der Umstände, wodurch doch andere wohlthätige Wirkungen derselben nicht gehindert
oder vereitelt worden sind.

§. 103.

Die redenden Künste kommen in manchen
Dingen überein, in andern sind sie von einan-

der unterschieden. Sie vereinigen sich zuerst
darin, daß sie das Mittel, durch welches
sie wirken, nämlich die Sprache, verschönern: Sie machen dieselbe gemeiniglich reicher
an Worten und Bildern, geschwinder
in der Wortfügung und in der ganzen Zusam-
mensetzung harmonischer, daher sind diejenigen Sprachen am meisten ausgebildet, die
von großen Dichtern und Rednern gebraucht
worden sind.

Anmerk. Eine Einleitung hiezu findet man in
folgenden Schriften: Laokoon, womit man
den 1. Th. der kritischen Wälder von Herder
vergleichen muß. Webbs Betrachtung über die
Verwandtschaft der Musik und Poesie. Beatties Versuch über die Dichtkunst und Musik in
seinen philosophischen Schriften, Th 1. S. 15. ff.
Moses Mendelsohns Abhandlung über
die Hauptgrundsätze der schönen Künste und
Wissenschaften, ist in den philosophischen Schriften, Th. 2. S. 97. ff. zu finden.

§. 104

§. 104.

Ferner vereinigen sie sich auch darin, daß sie belehren und überzeugen, d. h. den Verstand mit neuen Vorstellungen bereichern oder schon bekannten Vorstellungen mehr Licht und Nachdruck verschaffen. Beide wollen endlich auch gefallen und ergötzen, d. h. das menschliche Herz rühren und leidenschaftliche Bewegungen in demselben verursachen.

§. 105.

Auf der andern Seite giebt es gewisse Unterschiede, durch welche beide Künste von einander abgehen. Die Dichtkunst erlaubt sich bei Verschönerung der Sprache weit größere Freiheiten, als die Redekunst; sie giebt der Sprache einen abgemessenen Gang, den man das Sylbenmaas nennt und wodurch sie gleichsam zur Musik wird: Sie wagt neue und ungewöhnliche Wörter, fremde und kühne Tropen und Versetzungen in der Wortfügung, die sich von der Gewohnheit des gemeinen Lebens ganz entfernen. Die Redekunst hingegen bleibt viel näher bei dem gemeinen Ausdrucke und ist zu-

G

frieden in einer ſorgfältig gewählten,
edeln, nachdrücklichen und wohlklin-
genden Sprache ihre Vorſtellungen auszudrücken.

§. 106.

Die Dichtkunſt will ferner den höchſten
Grad der Rührung und des Vergnügens hervorbringen und ihren Vorſtellungen allein die
höchſte Kraft verſchaffen: Dahingegen nimmt
die Redekunſt mehr Rückſicht auf vernünftige Ueberzeugung durch ordentlich aufgeführte
Gründe, und iſt zufrieden, wenn dieſe Ueberzeugung ſoviel Gewalt über das Herz äußert,
daß diejenigen Empfindungen und Vorſätze ent-
ſtehen, die ſie dadurch erwecken wollte.

§. 107.

Endlich bleibt die Dichtkunſt, da ihr
Endzweck die höchſte Rührung iſt, nicht im
Gebiete der Wahrheit ſtehen, ſondern bedient
ſich auch der Erdichtung: Sie ſtellt das
Mögliche, als wirklich, das Zukünf-
tige, als gegenwärtig vor, und läßt in

der Begeisterung der Phantasie freies Spiel;
aber die Redekunst bleibt ganz in den Gränzen
der Wahrheit und wendet kein anderes Mittel
an, leidenschaftliche Bewegungen zu wirken,
als vernünftige der Natur der Dinge ge-
mäße Vorstellungen.

———

Sechster Abschnitt.

Von den schönen Künsten in strengster
Bedeutung.

§. 108.

Unter die darstellenden Künste gehören vorzüglich die Bau: Mahler: Bildhauer:
Ton: und Tanz: wozu man auch noch die
Schauspielkunst rechnen kann. Jede dieser Künste hat ihre eigne Theorie.

1. Von der Baukunst.

§. 109.

Die Kenntnisse, welche in der Baukunst
vorausgesetzt werden, sind theils mechanische Kunstgriffe, theils mathematische
Theorien, und theils Regeln des guten
Geschmacks: Die letztern sind es, welche
man anzeigen will, wenn man die Baukunst

unter die schönen Künste rechnet; man versteht
nämlich alsdann die Kunst, Schönheit mit
Festigkeit und Bequemlichkeit in Ge-
bäuden zu verbinden.

Diese Kunst muß sich sowohl in der Anordnung der ganzen Form eines Gebäudes und in der Vertheilung des innern
Raums, als auch in der Verzierung einzelner Theile zeigen und alles so einrichten,
wie es der Charakter eines jeden Gebäudes mit
sich bringt, wo es am leichtesten den Eindruck
machen und die Rührung, die es hervorbringen
soll, bewirken kann.

Anmerk. Man vergleiche hierüber die sehr guten Schriften und Untersuchungen über den
Charakter der Gebäude, welche zu Dessau 1785
in Folio herausgekommen sind.

§. 110.

Die Baukunst ist nicht nur eine der nützlichsten Künste, sondern trägt auch unter allen schönen Künsten das Meiste zur äußerlichen Verschönerung eines Landes bei und sollte daher mit
mehr Eifer unterstützt werden, als gemeinig-

lich geschieht; denn ungeachtet Teutschland hie
und da sehr gute Gebäude hat, so ist doch der
gute Geschmack im Bauen noch lange nicht
herrschend.

Anmerk. Ueber die Theorie der Baukunst unter den Alten kann man Vitruvius de archi-
tectura ad imperatorem Augustum l. 10. und
unter den Neuern: Palladio über die Baukunst, Nikolaus Goldmanns Anweis. zur
Civilbaukunst rechnen, auch vergleiche man den
Versuch über den Geschmack in der Baukunst,
welcher sich in der neuen Bibliothek der schönen Wissenschaften, im 35. Bande, befindet.

§. 111.

Sehr nahe verwandt mit der Baukunst ist
die Gartenkunst, deren Grundsätze erst vor
kurzem genauer entwickelt worden sind. Sie ist
die Kunst, auf einem freien Platze so
viel Schönheiten der Natur und Kunst
zu versammlen, als sich an demselben
vereinigen lassen will, um ihn dadurch in einen Platz des Vergnügens
zu verwandeln.

Die jedesmalige Bestimmung dessen, was
ein Garten seyn soll und die Beschaffenheit der
Gegend und ihrer Größe muß die weitern Regeln angeben, nach denen man sich zu richten hat.

Anmerk. Man vergleiche die Theorie der Gartenkunst von Hirschfeld, 5 Bände in 4.

2. Von der Mahlerkunst.

§. 112.

Die Mahlerkunst, lehrt sichtbare
Gegenstände durch Umrisse und Farben auf Flächen ausdrücken. Die Anzahl der Gegenstände, welche die Mahlerei
nachahmen kann, ist sehr groß.

Sie kann entweder bei der Natur bleiben
und die sichtbaren Gegenstände derselben blos ausdrücken, ohne sie zu ver-
ändern; oder sie kann Vorstellungen solcher Gegenstände hervorbringen, die
kein Original in der Natur haben und
dahero Ideale heißen.

Anmerk. Ueber die Theorie der Mahlerkunst
hat man sehr vortreffliche Schriften, z. B.

Leonhards Abhandlung über die Mahler=
kunst; des Ritter Mengs Gedanken über die
Schönheit und den Geschmack der Mahlerei,
Zürch 1764 und 1771. in 8. Daniel
Webb's Untersuchung des Schönen in der
Mahlerei, und eine Menge lehrreicher, vor=
trefflicher Anmerkungen über diese Kunst, fin=
det man zerstreut in andern Schriften, in den
Beschreibungen berühmter Sammlungen von
Gemählden, in guten Reisebeschreibungen und
Topographien und endlich in den Schriften,
welche die Geschichte der Mahlerei enthalten,
z. B. in Winkelmanns Geschichte der
Kunst, und den vielen Lebensbeschreibungen be=
rühmter Mahler.

§. 113.

Zu der ersten Art gehört das Pflan=
zenreich, das Thierreich und die ganze
Anzahl sichtbarer Veränderungen,
welche durch Menschen hervorgebracht werden
können. Sie kann daher nicht blos ein=
zelne Gegenstände, sondern auch Begebenhei=
ten nachbilden und Leidenschaften ausdrü=
cken. Die zweite Art geht über die Na=

tur hinaus, sie giebt den Gegenständen, die sie vorstellt, eine höhere Schönheit oder Häßlichkeit, als sie in der Natur haben, stellt erdichtete Begebenheiten dar und macht sogar abstrakte Begriffe durch sichtbare Gegenstände und Zeichen verständlich, woraus die allegorische Mahlerei entspringt.

In beiden Arten, sonderlich in letzterer, kommt alles auf gute Wahl und Erfindung dessen, was vorgestellt werden soll, auf bequeme Anordnung des Ganzen, auf richtige Zeichnung, auf gefälliges Kolorit und Beleuchtung an.

§. 114.

Sehr verwandt mit der Mahlerei ist die Kupferstecher- Radir- und die sogenannte Schwarzekunst, lauter Erfindungen der neuern Zeiten, die vorzüglich dadurch, daß sich ein einmal verfertigtes Kunstwerk dieser Art, vermittelst des Abdrucks, sehr vervielfältigen läßt, nicht nur anschauliche Vortheile vor der Mahlerkunst haben, sondern auch

Wiſſenſchaften aller Art ungemein nützlich geworden ſind.

Anmerk. Man vergleiche die Abhandlung von
Kupferſtichen, Leipz. 1768. aus dem Engliſchen
überſetzt.

3. Von der Bildhauerkunſt.

§. 115.

Die Bildhauerkunſt, die man noch
beſſer die Bildnerkunſt nennen könnte,
ahmt die äußern Gegenſtände nicht durch die
täuſchende Miſchung von Farben nach, ſondern
formt aus gewiſſen Materien ganze Körper,
die den organiſirten Körpern ähnlich ſind. Sie
enthält alſo die Regeln, wie man ganze
Geſtalten in einerlei Materien dar-
ſtellen ſoll.

§. 116.

Die Materien, in der die Bildhauerkunſt
ganze Geſtalten darſtellt, ſind entweder hart,
wie Holz, Elfenbein und Steine, und in die-
ſem Falle werden die Formen gehauen oder
geſchnitten — hiervon hat die Kunſt ihren
Namen erhalten; oder ſie ſind weich, z. B. wie

Thon, Wachs und dann werden die Bilder ge-
formt, — dies kann man die Plastik nennen; — oder sie bestehen aus Mineralien,
z. B. aus Gips, Schwefel, Metallen u. s. w.
und dann werden die Körper gegossen.

§. 117.

Auch die Bildhauerkunst kann entweder gewisse Urbilder nachahmen und sie genau ausdrücken, oder sie kann Ideale verfertigen. In
beiden Fällen hat sie es in ihrer Gewalt das
menschliche Herz zu rühren und leidenschaftliche
Bewegungen hervorzubringen.

Anmerk. Das Alterthum enthält sehr merk-
würdige Beispiele dieser Art. Man vergleiche
Clemens Alexandrinus in cohortatione
ad gentes. p. 50. 51. Ueber die Theorie der
Bildhauerkunst findet man auch sehr gute Be-
merkungen in Lessings Laokoon und dem
1. Theile der kritischen Wälder von Herder,
und in Hemsterhuis philosoph. Schriften,
1. Th., wo der 1ste Brief hieher gehört. Eine
kurze aber sehr gründliche Geschichte dieser

Kunst giebt Büsching in der Geschichte und
Grundsätze der schönen Künste und Wissenschaften, St. 1. S. 93. Winkelmanns Geschichte der Kunst ist bekannt genug, um sie
noch hier anzuführen.

§. 118.

Eine mit der Bildhauerei verwandte
Kunst ist die Steinschneider- oder Bild-
graberkunst, welche gewisse Figuren
entweder vertieft oder erhoben auf
Steinen oder andern harten Materien auszudrücken lehrt. Die mosai-
sche oder musivische Kunst kann man theils hierher, theils zur Mahlerkunst rechnen.

4. Von der Tonkunst oder Musik.

§. 119.

Musik ist die Kunst unartikulirten
Tönen sinnliche Vollkommenheiten
zu geben. Sie ist unter den schönen Künsten
eine der Aeltesten. Es läßt sich aber bei den
unartikulirten Tönen, welche die Musik bearbeitet, eine doppelte Art der Vervollkommnung

denken, welche sowohl in der Verbindung und
Folge derselben zu einem zusammenhängenden
Ganzen, als auch in dem ausdrucksvollen Vor-
trage bestehen kann: Das letztere ist so sehr das
Werk des feinen Gefühls und in vielen Fällen
der glücklichen Organisation, daß es theils nicht
wohl möglich, theils auch nicht einmal nützlich
ist, eine besondere Theorie darüber zu ent-
werfen.

Die erste Art der Verschönerung läßt sich
hingegen nicht nur nach Regeln erklären, sondern muß auch scharfsinnig von einander gesetzt
werden, wenn die Musik ihren Endzweck, l e i -
d e n s c h a f t l i c h e B e w e g u n g e n h e r v o r -
z u b r i n g e n, glücklich erreichen soll.

A n m e r k. Man sehe hierüber F o r k e l s Geschichte der Musik nach.

§. 120.

Die a n g e n e h m e V e r b i n d u n g und
F o l g e m e h r e r e T ö n e z u e i n e m e i n s t i m -
m i g e n G e s a n g e heißt: M e l o d i e. Die
Melodie ist bei einem Tonstücke die Hauptsache
und alles, was außerdem dabei angebracht ist,

soll blos dazu dienen, den Gang des Stücks zu
unterstützen und zu verschönern. Eine kurze
Folge einstimmiger Töne heißt: ein me-
lodischer Satz oder ein Gedanke und die
ganze Melodie eines Stücks ist aus solchen Gedanken und ihrer mannigfaltigen Abänderung
zusammengesetzt.

§. 121.

Ein Akkord ist ein regelmäßig zusam-
mengesetzter Klang mehrerer Töne,
die zugleich gehört und vom Ohre unterschieden werden können. Die Ver-
knüpfung der Akkorde zu einer angenehmen Folge ist die Harmonie, — diese
soll dazu dienen die Melodie mehr zu heben und
ihr mehr Nachdruck und Kraft zu geben. —

§. 122.

Obgleich also die Melodie die Hauptsache
bleibt, so hängt doch von der Harmonie, die
sie begleitet, die ungemeine Wirkung, welche
die Musik hervorbringen kann, gar sehr ab.
Die Harmonie ist übrigens erst von den neuern

Tonkünstlern bearbeitet und durch Regeln erklärt worden, die Alten begnügten sich blos mit
der Melodie.

§. 123.

Die Melodie ist die Lehre von der guten
Verbindung der Töne zu einem flie-
ßenden und rührenden Gesange: Sie
ist jedoch noch sehr unbearbeitet und an einer
gründlichen Theorie derselben fehlt es noch ganz.

Anmerk. Was man hierüber hat ist in Sulzers Theorie u. s. w. der neusten Ausgabe unter den Artikel: Melodik, angemerkt.

§. 124.

Harmonik ist der Unterricht von der
guten Verbindung und Folge mehrerer zugleich klingender Töne. Die
Anweisung zum Generalbaß und zur Setzkunst
enthalten zwar die Grundsätze der Harmonik,
jedoch immer noch nicht vollkommen genug.

Anmerk. Man sehe hierüber nach Marburgs
gesammte Schriften, vorzüglich seine kritischen
Briefe über die Tonkunst und dessen Anfangs-
gründe der theoretischen Musik. Kirnber-

gers Kunst des reinen Satzes in der Musik und Forkel über die Theorie der Musik; was von den Alten über die Theorie der Musik übergeblieben ist, hat Maibon unter den Titel: Antiquae muſicae auctores ſeptem geſammlet und herausgegeben.

5. Von der Tanzkunſt.

§. 125.

Unter der Tanzkunſt verſteht man diejenige, welche das Schöne und Rührende in den Bewegungen des Körpers beſtimmt. Da unter die Bewegungen des Körpers vorzüglich auch die Bewegungen des Geſichts oder die Geberden gehören; ſo wäre es beſſer, um allem Mißverſtande vorzubeugen, dieſer Kunſt den allgemeinen Namen: Mimik beizulegen. Ein Hauptgegenſtand der Mimik, worunter man ein zuſammenhängendes Ganze ſchöner Bewegungen verſteht, bleibt indeſſen allezeit der Tanz.

Anmerk. Die Grundſätze und Geſch. dieſer Kunſt findet man nur ganz kurz bei Büſching im 2. St. des in der Note S. 117 angeführten Werks.

Die

Die Theorie der Tanzkunst überhaupt aber
und insbesondere auch der Höhern, findet man
vorzüglich gut abgehandelt in Rauverre
Briefen über die Tanzkunst und über die Ballets
aus dem Französischen übersetzt. Auch mancherlei Beiträge hierzu sind in Engels Ideen
zu einer Mimik enthalten. Was die Alten darin zu leisten im Stande waren, hat uns am
besten Lucian in seinem Buche: De saltatione
beschrieben.

§. 126.

Von den gemeinen Tänzen, die nichts weiter, als eine mit Bewegung verbun-
dene Lustbarkeit sind, hat man die höhere
Tanzkunst oder das Ballet, welches die
Kunst ist, die interessanten Handlungen durch den Tanz nachzuahmen, zu
unterscheiden.

6. Von der Schauspielkunst.

§. 127.

Was nun die Schauspielkunst betrifft,
so gehört dasjenige, was zur Verfertigung ei-

H

nes guten Drama erforderlich ist, in die Poetik,
wovon hier die Rede nicht ist. Der gute Vor-
trag eines Drama oder die Aufführung desselben
ist jedoch mit so vielen Schwierigkeiten verbunden und der Schauspieler sowohl, als auch die
zweckmäßige Ausschmückung des Schauplatzes
müssen von so vielen Regeln geleitet werden,
daß es sich wohl der Mühe verlohnete, diese
Regeln in eine Wissenschaft zu sammlen und sie
den übrigen schönen Künsten in dieser Gestalt
beizufügen.

Wie schwer diese Kunst in der Ausübung
sey, lehrt die geringe Zahl der guten Schauspieler; und ob man gleich angefangen hat Beiträge, die schon ziemlich beträchtlich sind, zu
einer solchen Theorie zu liefern: So ist sie dennoch als Wissenschaft nicht bearbeitet, und als
diese würde sie die Mittel, wodurch diejenige
Kunst, welche die Leidenschaften und
Handlungen des Menschen wirklich
darzustellen und dadurch bei den Zu-
schauern einen hohen Grad von Täu-
schung zu bewirken im Stande wäre,
lehren.

Anmerk. Hieher gehöret Lessings theatralische Bibliothek, 4. St. und dessen hamburgische
Dramaturgie, 2. Th. Engels Ideen zu einer
Mimik, 2. Th. Was den Bau und die Beschaffenheit des Schauspielplatzes betrifft, so sehe
man Essais über die theatralische Baukunst
von Bott, Paris 1782 nach.

Von der Oper.

§. 128.

Wenn sich mehrere Künste mit einander,
um ein Kunstwerk gemeinschaftlich auszuführen,
vereinigen, d. h. so oft sich zwo oder mehrere
Künste mit einander verbinden, um das, was
sie ausdrücken wollen, noch sinnlicher zu machen und das menschliche Herz gleichsam von
mehreren Seiten zugleich anzugreifen; so müssen Regeln dabei befolgt werden, die theils aus
der Natur einer zusammengesetzten Vollkommenheit überhaupt, theils aus der Natur der
Künste selbst, welche gemeinschaftlich wirken
sollen, herzuleiten sind: So kann z. B. sich die
Musik mit der Dichtkunst, die Tanz-

H 2

Kunst mit der Musik und die Dichtkunst
und Musik zugleich verbinden u. s. w.

Anmerk. Etwas hierüber findet man zerstreuet
in Moses Mendelsohns philosophischen
Schriften, 2. Th. S. 135. ff.

§. 129.

Vorzüglich findet man in der Oper die
merkwürdigste Art einer solchen Vereinigung,
wo in ihr Poesie, Musik, Tanz- und Baukunst
in Verbindung wirken. Soll nun die Oper
ihren höchsten Grad von Vollkommenheit erreichen: So muß in derselben nicht nur alles
das, wodurch diese mit einander verbundenen
Künste sich selbst nachtheilig werden könnten,
mit sorgfältigem Fleiße vermieden und aus dem
Wege geräumt, sondern auch, bei genauerer
Bezeichnung der Gränzen, nämlich, wieweit
bei solchen Verbindungen eine jede
Kunst gehen könne und dürfe, und wie-
viel sie zur Erreichung ihres Haupt-
endzwecks beitragen müsse, äußerst
vorsichtig zu Werke gegangen werden.

Anmerk. Das beste kritische Werk über die
Oper ist Algaretti Versuch darüber.

§. 130.

Nichts ist aber schwerer, als eben diese Bezeichnung der Gränzen anzugeben, weil es uns
gänzlich noch an einer genauen Untersuchung
über diesen Gegenstand fehlt, und hierin liegt
der Grund, daß wir in keinem Schauspiele so
viele grobe Fehler, wider den guten Geschmack
und das natürliche Gefühl antreffen, als in
der Oper.

So roh jedoch der Zustand ist, in welchem
sich die Oper gleichsam anitzt noch befindet; so
ist doch die Wirkung, welche sie in uns hervorbringt, ungemein groß, und — wenn sie nun
so sehr verbessert und demjenigen Grade von
Vollkommenheit, wodurch sie alles, was nur
irgend die schönen Künste sonst zu bewirken im
Stande wären, näher gebracht würde — welche Wirkungen könnten wir nicht alsdann von
ihr erwarten? —

Siebenter Abſchnitt.

Von dem Endzwecke der ſchönen Künſte.

§. 131.

Die ſchönen Künſte ſollen allem, was ſie bearbeiten, ſinnliche Vollkommenheit ertheilen:
wird alſo das Schöne von der Einbildungskraft
vorzüglich empfunden; ſo iſt es offenbar, daß
die ſchönen Künſte allen Gegenſtänden ſinnliche Vollkommenheit geben, zunächſt für die
Einbildungskraft arbeiten und ſie mit prächti-
gen Bildern zu beſchäftigen und zu rühren
ſuchen.

§. 132.

Wenn alſo eine Vorſtellung von ſinnlicher
Vollkommenheit unſerm Begehrungsvermögen
nicht gleichgültig bleibt, ſondern in uns angenehme Empfindungen hervorbringt: So heißt

ein solcher Zustand, durch dem diese angenehme
Empfindung erzeugt und erregt wird, Ver=
gnügen und hieraus folgt sodann, daß
Vergnügen und Belustigung der erste
und nächste Endzweck aller schönen Künste
seyn müsse.

§. 133.

Die Erfahrung lehret uns, daß jedes Werk,
welches kein Vergnügen verursacht, für miß=
lungen erklärt wird, und daß viele Künstler
auch alle ihre Bemühungen dahin richten um
nur zu gefallen, und sie glauben alles erreicht
zu haben, was sie sollen, wenn sie nur Ver=
gnügen hervorbringen.

Ob es nun wohl nicht zu leugnen ist, daß
einige Werke der schönen Künste weiter nichts,
als Belustigung bewirken können, so tragen
sie doch weder zur Belehrung, noch zur Besse=
rung etwas bei, vielmehr sind sie blos dazu ge=
macht, die Einbildungskraft durch angenehme
Bilder aufzuheitern und dem Herzen eine frohe
Empfindung zu geben.   Z. B. kleine Tände=
leien in der Poesie oder in der Musik u. s. w.

§. 134.

Man würde dahero die ſchönen Künſte zu
tief erniedrigen, wenn man ihnen blos den Auf
trag geben wollte, uns zu beluſtigen: ihr zwei
ter und entfernter Endzweck muß alſo auch Un
terricht und Belehrung ſeyn. Daß dieſer
ebenfalls vorhanden ſey, erhellet daraus, daß
die ſchönen Künſte ihren erſten und nächſten
Endzweck nicht anders erreichen können, als
daß ſie uns entweder ganz neue Begriffe geben,
oder doch die ſchon bekannten von einer andern
Seite zeigen und mithin unſere Erkenntniß da
durch erweitern.

§. 135.

Auch hievon überzeugt uns die Erfahrung
hinlänglich; denn die ſchönen Künſte ſind ſchon
oft genug ein ſehr wichtiges Hülfsmittel des
Unterrichts geweſen, ſo wie nicht minder die
unleugbare Bemerkung aus der alten Geſchichte,
daß die Völker zum glücklichen Uebergange aus
der Barbarei in den Zuſtand der Aufklärung
und Kultur durch die ſchönen Künſte vorbereitet
worden, und daß dieſe wohlthätige Verände
rung faſt niemals, ohne den Beiſtand der ſchö

nen Künste, geschehen ist. So enthält z. B.
die Reformationsgeschichte im sechszehnten
Jahrhundert davon ein auffallendes und sehr
merkwürdiges Beispiel, und die Vortheile die
Moses, vorzüglich aber David, durch Dichtkunst und Musik den alten Hebräern verschafft
haben, geben uns sowohl, als auch von dem
großen Nutzen, den ganz Griechenland aus
seinem Homer zog, die vollständigsten Be-
weise.

§. 136.

Allein alles, was wir bisher von den schönen Künsten angeführt haben, ist noch nicht
hinreichend, sondern der höchste und letzte Endzweck derselben bleibt uns noch übrig zu bestimmen, und dieser ist: die Bildung des Geschmacks an allem sittlich Guten und
die Einwirkung des Herzens zur Tugend. Dieses folgt ebenfalls aus dem ersten
und nächsten Endzwecke der schönen Künste, nach
welchem sie angenehme Rührungen hervorbringen können.

Diese angenehme Rührung kann nun
entweder darin bestehen, daß man etwas sitt-

lich Böses, als nämlich das Laster, in einer liebenswürdigen Gestalt zeigt und
das Herz dafür einzunehmen sucht;
oder, daß man unser Gefühl für alles
sittlich Gute und Schöne zu stärken
und zu verfeinern trachtet und also
für die Tugend einnimmt.

§. 137.

Diejenige Rührung, wodurch man etwas
sittlich Böses in einer liebenswürdigen und angenehmen Gestalt zeigt und das Herz für dasselbe einzunehmen sucht, wird man wohl
schwerlich zum Endzwecke der schönen Künste machen, wenn man sie nicht offenbar,
als eine Pest für die menschliche Gesellschaft
verstellen will.

Da nun alle unsere Empfindungen entweder
etwas sittlich Gutes oder Böses betreffen und ein
Drittes gar nicht möglich ist: So ist es auch
klar, daß die schönen Künste sich im Dienste der
Tugend befinden und die letzte und höchste Absicht derselben moralische Vollkommenheit seyn muß.

§. 138.

Wenn nun die ſchönen Künſte unſer Herz
für alles Schöne einnehmen und unſern Ge-
ſchmack an Uebereinſtimmung, Ordnung, Wahrheit, ſo ſtark machen ſollen,
daß uns alles Unordentliche, Häßliche,
Niedrige und Falſche unleidlich wird: So
müſſen ſie nicht nur in uns Liebe und Gefühl
für die höchſte, für die moraliſche Schönheit
erwecken, ſondern uns auch gewöhnen in unſerm Betragen, in unſerer ganzen Art zu denken und zu handeln, Ordnung und Vollkommenheit aufzuſuchen und zu beobachten.

Achter Abschnitt.

Von den Mitteln, wodurch die schönen Künste ihren Endzweck erreichen.

§. 139.

Sobald der Künstler gefallen will; so muß derselbe wissen seinen Werken eine belustigende Kraft zu verschaffen und dahero auf Mittel denken, durch die er den Endzweck der schönen Künste erreichen kann.

Diese vorzüglichsten Mittel also, wodurch derselbe Vergnügen und Belustigung, als den ersten und nächsten Endzweck der schönen Künste, hervorbringen und ein Kunstwerk für unser Begehrungsvermögen interessant machen will, sind das Neue, das Wunderbare und Erhabene, das Lächerliche und Naive und das Lebhafte in jeder Art der Behandlungen.

§. 140.

Das Neue, d. i. dasjenige, was die vorhandene Summe von Vorstellungen auf irgend eine Art vermehrt, ergötzt deswegen, weil jeder Zuwachs von Erkenntniß unserer Seele neu und angenehm ist und sie stärker beschäftigt; daher sind neue Ausdrücke und Vorstellungsarten in Reden und Gedichten; neue Gänge und Melodien in der Musik, und neue Erfindungen und Zusammensetzungen in den darstellenden Künsten angenehm und ein Kunstwerk, das gar nichts Neues enthält, thut sehr wenig Wirkung.

Anmerk. Hierüber sehe man Home's Grundsätze der Kritik c. 7. nach.

§. 141.

Das Neue kann aber entweder im Stof, oder in der Anordnung desselben oder in der Ausbildung liegen, auch mancherlei Grade haben. Die Künstler fühlen übrigens die Nothwendigkeit in ihrer Arbeit neu zu seyn so lebhaft, daß sie oft dadurch verleitet werden, über die Regeln des guten Geschmacks hinauszugehen. — Wer also viel Neues

und vom Gewöhnlichen sehr Abweichen-
des hervorbringt, heißt ein Original. —

Anmerk. Man vergleiche hierüber die Litteraturbriefe Th. I. S. 359 und in Sulzers Theorie
d. s. Wissensch. den Artikel: Original.

§. 142.

Alles dasjenige, was den Vorstellungen, die wir vom gewöhnlichen
Laufe der Dinge haben, merklich un-
ähnlich ist, ist das Wunderbare und der
höchste Grad vom Ungewöhnlichen. Das
Gewöhnliche und Alltägige ist uns gleichgültig und verursacht Ekel und Ueberdruß;
daher müssen die schönen Künste das Wunderbare aller Art zu Hülfe nehmen, welches deswegen ergötzt und belustigt, weil es den Geist
stark beschäftigt und neue Vorstellungen giebt.

§. 143.

Zu dem Wunderbaren gehören in der Dichtkunst alle Erdichtungen, die etwas Ungewöhn-
liches enthalten; alles Ueberraschende in der
ganzen Anordnung eines Gedichts und alles
Kühne und Unerwartete im Ausdrucke: Bei

der Redekunst zeigt sich das Wunderbare in un=
erwarteten Anfängen, Uebergängen
und oft im Beschluße einer Rede, auch im
Ausdrucke und in angebrachten Wen=
dungen. Die Musik hat unerwartete
Ausweichungen und Veränderungen
der Tonart und der Bewegung in ihrer Gewalt
und endlich können die übrigen Künste das Wun=
derbare durch fremde Zusammensetzun=
gen und durch die höhere Schönheit, die
sie ihren Idealen geben, bei ihren Werken an=
bringen.

Anmerk. Man lese Bodmers krit. Abhandl.
vom Wunderbaren und dessen Verbindung mit
dem Wahrscheinlichen, Zürch 1740., und Rie=
dels Theorie den 9. Abschn., Home's Kritik
Th. I. c. 6., Sulzers Theorie ꝛc. im Art.
Wunderbar, auch Schlegels Abhandlung
über eben diesen Gegenstand im 2. Th. seines
Battaux u. a. m. hierüber nach.

§. 144.

Unter das Wunderbare rechnet man auch
die Laune, welche in gewisser Rücksicht in den
Werken aller schönen Künste, vorzüglich in den

redenden Künsten, sich zeigen kann; denn das
Eigene und Sonderbare, die unerwar=
tete Mischung des Ernsthaften und Lächer=
lichen, die ohne Zurückhaltung geäußert wird,
und den Charakter der Laune ausmacht, weicht
vom Gewöhnlichen ab und verursacht eben
daher, weil es uns Wunderbar erscheint,
Vergnügen.

Anmerk. Ueber die Laune vergleiche man vor=
zuglich die Abhandlung in der neuen Bi=
bliothek der schön. Wissenschaften im 3. B.
S. 319 ff. und die Schrift von dem, was die
Menschen Humor nennen und die in Freiberg
1771 herausgekommen ist.

§. 145.

Das Erhabene d. i. dasjenige, was
wegen einer außerordentlichen Größe
Bewunderung erregt, kann in allen schö=
nen Künsten vorkommen und ist entweder na=
türlich, wenn ein Gegenstand an sich so be=
schaffen ist, daß er durch ungemeine Größe die
menschliche Bewunderung erregt: hier darf der
Künstler seinen Gegenstand blos zeigen und ihn
unserm

unserm Gesichtskreise nahe bringen, ohne ihn
ausschmücken zu wollen; oder, künstlich,
wenn ein Gegenstand durch die Bearbeitung
des Künstlers eine ungemeine Größe erhält: in
diesem Falle hingegen muß er alle seine Kräfte
zur Ausschmückung und Verschönerung anwenden.

§. 146.

Wir unterscheiden übrigens das Erhabene
vom Schönen blos durch die mehr oder mindere
große Stärke des Eindrucks und geben vorzüglich derjenigen Art von Empfindungen den Bei-
namen: Erhaben, welche jederzeit den mög-
lichst stärksten Eindruck auf uns macht, ohne
daß dieselben jedoch die Gränzen des Schmerzes
berühren; und da der Affekt der Furcht allezeit
eine Gefährtinn des Schmerzes ist: So erregt
sie in uns auch solche Empfindungen, die wir
erhaben nennen, weil unter allen Leidenschaften
die Furcht die stärkste ist, und das Erhabene immer die Wirkung des Gefühls eines angehenden
Schreckens voraussetzt.

§. 147.

Wenn wir nun stark, jedoch nur so bewegt

J

werden, daß die Gemüthsbewegung dabei nicht
ſchmerzhaft iſt; ſo fühlen wir uns glücklich:
Allein jemehr eine Empfindung an Lebhaftigkeit
zunimmt, deſto ſchöner erſcheint uns ein Gegenſtand, ſobald nur unſere Aufmerkſamkeit
auf denſelben und unſere Bewunderung deſſelben, aufs Neue in uns rege gemacht wird;
erhaben wird derſelbe aber, ſobald er den möglichſt ſtärkſten Eindruck in uns erweckt hat. So
z. B. fordern wir von einem Roman- oder
Trauerſpieldichter beſondere Charaktere und Si-
tuationen, wodurch unſre Begierden gerühret
und die Empfindungen lebhaft erregt werden,
weil wir das, was wir ſchon oft geleſen und
geſehen, mit Kaltblütigkeit leſen und anſehen
und einerlei Schönheiten aufhören, für uns
Schönheiten zu ſeyn.

§. 148.

Suchen wir alſo was Neues in den Werken
der ſchönen Künſte: So ſuchen wir es deswegen, weil das Neue ein Gefühl von Verwunderung und eine lebhafte Gemüthsbewegung in
uns erregen ſoll; mithin fordern wir von einem
Künſtler, daß er ſelbſt denke.

Wenn dahero der Künstler seinen Gegenstand weder mit sonderbar auffallendem Lichte
beleuchtet, noch dessen Schönheiten selbst uns
unter einer neuen Gestalt darstellt: So verach-
ten wir ihn blos aus dem Grunde, weil uns
dergleichen Werke schon zu bekannt sind, als
daß sie noch starke Eindrücke auf uns machen
könnten; denn das Fortdauern einer und eben-
derselben Empfindung macht uns gegen dieselben unempfindlich und stumpf, und hieraus
entspringt eine gewisse Unbeständigkeit und eine
so große Liebe zur Neuheit, die allen Menschen
gleich gemein ist, weil sie alle mit einander lebhaft und stark gerührt seyn wollen. Es hat
z. B. das Gemählde einer schönen Landschaft,
einer Scene aus der Vorwelt, eines Frauenzimmers oder die Darstellung eines Trauer-
spiels nichts Reizbares für uns, wenn wir nicht
in demselben ein gewisses Etwas finden, das
unsere Begierden und Empfindungen in Bewegung setzt, oder mit sonderbar auffallendem
Lichte, wodurch die Schönheit selbst uns
unter einer neuen Gestalt erscheint, beleuchtet ist.

J 2

§. 149.

Das Erhabne in Bildern setzt allezeit eine
große Kraft in der Natur voraus und erweckt
in uns das Gefühl der Ehrerbietung und Ehr-
furcht, so wie nicht minder, das Gefühl eines
angehenden Schreckens.

Denn man denke sich z. B. das Bild der
Nacht, bei einem großen Donnerwetter, wo
übereinander gethürmte Ungewitter die Dunkel-
heit derselben verdoppeln, der Donnerstrahl,
von Winden entzündet, die Flächen der Bilder
zerreißt und wo man beim wiederholten und
flüchtigen Scheine der Blitze in jedem Augenblicke die ganze Welt verschwinden und wieder
erscheinen siehet. —

§. 150.

Wenn jedoch nicht alle Menschen solche hohe
Bilder im gleichen Grade der Lebhaftigkeit sich
vorstellen können; so rührt es daher, daß sie
von denselben in gleichem Grade nicht gerührt
werden: Denn je größer ein Gegenstand ist,
desto größere Mühe kostet es uns, ihn zu
fassen, und der Mensch fühlt alsdann neben
dem Erhabnen seine Kleinheit, womit sich das

Gefühl seiner Schwäche verbindet. Man muß
dahero beim Aufsuchen des Erhabenen an solchen Gegenständen nicht auf die kleinen Verzierungen, sondern ganz und allein auf ihre Uner-
meßlichkeit Rücksicht nehmen.

Wollen wir aber den Eindruck vom Erhabnen in ähnlichen Bildern sehr lebhaft empfinden; so müssen wir uns immer, vom Bekannten zu dem Unbekannten aufschwingen, in Gedanken zurückgehen, und die ganze Hoheit eines solchen Bildes zu fassen suchen.

§. 151.

So wie sich der Gedanke von Wirkung zu
dem von der Ursache gesellt: So gesellt sich auch
die Vorstellung von Schrecken in unserm Ge-
dächtnisse mit der Vorstellung von Stärke und
Macht. Wir wünschen uns unaufhörlich neue
Empfindungen und verlangen dem zu Folge
nicht nur Mannigfaltigkeit in einzelnen
Gegenständen, sondern auch Einheit im
Plan und zwar beides um deßhalb, weil die
Begriffe alsdenn desto deutlicher und desto bes-
ser zu unterscheiden und um so viel mehr ge-

schickt sind, einen lebhaften Eindruck auf uns
zu machen.

§. 152.

Zu viele Empfindungen auf einmal erregen
Verwirrung und die zu große Mannigfaltigkeit derselben vernichtet ihre Wirkung; denn
Begriffe, die nicht anders, als nur mit vielen
Schwierigkeiten gefaßt werden können, werden niemals lebhaft genug empfunden: Sehen
wir z. B. ein Gemählde, welches mit zu vielen Figuren überladen ist, so erregt dasselbe nur
einen schwachen oder, so zu sagen, stumpfen
Eindruck. Dies ist vorzüglich der Fall bei go-
thischen Tempeln, die der Baumeister mit Figuren überhäuft hat, denn das Auge findet,
durch die Menge von Verzierungen, keinen
Standpunkt, woran es sich festhalten kann,
mithin wird dasselbe ermüdet und das frappan-
teste Gebäude macht auf den größten Theil der
Zuschauer einen beschwerlichen Eindruck.

§. 153.

Das Erhabene macht übrigens in den schönen Künsten den stärksten Eindruck auf uns und

verurfacht das lebhaftefte Vergnügen; da es
aber von relativifcher Natur ift: So ift es fehr
natürlich, daß Einem erhaben fcheinen kann,
was dem Andern nichts weniger, als erhaben
vorkommt. Das Gegentheil deffelben ift das
Uebertriebene, welches dahero in einer fal=
fchen Größe beftehet. Zeigt fich diefe falfche
Größe an finnlichen Gegenftänden; fo find fie
Ungeheuer, und überfinnliche Gegen=
ftände diefer Art heißen — abentheuerlich,
in der Rede aber nennt man das Uebertrie=
bene — Schwulft.

Anmerk. Man vergleiche hiemit Bunkels
philofophifche Unterfuchung über den Urfprung
unferer Begriffe des Erhabenen und Schönen.
Home's Kritik vom Großen und Erhabnen.
Th. I. S. 153 ff. Kants Beobachtungen
über das Gefühl des Schönen und Erhabenen,
fo wie deffen Kritik der Urtheilskraft 2. Buch.
Ifchokk's Ideen feiner pfychologifchen Aefthe=
tik im 4. Abfchn. §. 117 ff. S. 358. Auch fin=
det man noch in dem litterarifchen Zufatze zum
Art. Erhaben, in Sulzers Theorie 2c. allein
die Ideen der meiften Schriftfteller, die hier=

über geschrieben haben, hat v. Blankenburg
angeführt.

§. 154.

Das Lächerliche ist dasjenige, was
durch eine unschädliche Ungereimt=
heit schnelle Ausbrüche eines lebhaf=
ten Vergnügens hervorbringt. Diese
Ungereimtheit kann entweder in der Sache
selbst oder in der Einkleidung und Dar=
stellung liegen. Manches ist daher an sich
lächerlich, manches wird es erst durch die Kunst.
Es findet aber nicht blos in den redenden Kün=
sten statt, sondern kann auch mehr oder weni=
ger in den übrigen Künsten ausgedrückt
werden.

§. 155.

Vergnügen verursacht das Lächerliche theils
durch das Unerwartete und Ueberra=
schende, das gemeiniglich dabei vor=
kommt; theils durch die neuen Bezeich=
nungen, in die wir gewisse Vorstel=
lungen gebracht sehen; theils aber auch
dadurch, weil es der Seele ein Ge=

fühl ihres Vorzugs vor demjenigen
giebt, worüber gelacht wird.

Anmerk. Home's Grundsätze der Kritik Th. I.
S. 44. ff. Beatties philosophische Versuche
Th. 2. S. 5. ff. Vom Lächerlichen, Sulzers
Theorie d. sch. Wissensch. im Art. Lächerlich;
übrigens hat Riedel in seiner Theorie d. sch.
Wissensch. Jena 1767 im 7. Abschn. so wie Flö-
gel ganz umständlich im 1. B. der komischen
Litter. verschiedene Arten von Erklärungen des
Lächerlichen gegeben: in der Redekunst sehe
man den Cicero de oratore lib. II. c. 58. ff.
den Quinctil. instit. orator. l. 6. c. 3. und
über den teutschen Styl Adelung. Th. 2.
S. 53.

§. 156.

Die ungekünstelte Aeußerung der
Empfindungen, die durch ihre Abweichung vom eingeführten Wohlstande
und der überlegten Zurückhaltung einen Anstrich von Einfalt bekommt,
wird das Naive genannt. Naivität gehört
also zum Charakter der Kinder, oder solcher
Personen, die in einer Entfernung von der sei-

nen Welt gelebt haben; oder des andern Ge,
ſchlechts, wenn es als treuherzig und unüber,
legt eingeführt wird; oder auch ſolcher Perſo,
nen, die mit einer Beimiſchung von natürlicher
Einfalt auftreten.

§. 157.

Da ſich das Naive auch in den Mienen des
Geſichts und im ganzen äußerlichen Anſtande
zeigen kann: So iſt es auch ein Gegenſtand
für die bildenden Künſte, denn es wirkt eine an,
genehme Verwunderung, ein zufriedenes Lä,
cheln und einen beſondern Grad von Aufmerk,
ſamkeit, mit welchem man ſich gern bei der
kunſtloſen Zeichnung aufhält, die ſo viel von
dem Charakter und der Denkungsart der Re,
denden entdeckt.

Anmerk. Man vergleiche Moſes Mendel,
ſohns Abhandlung über das Erhabne und
Naive Th. 2. und Sulzers Theorie über die,
ſen Artikel, wo ein Aufſatz von einem andern
Verfaſſer eingerückt iſt.

§. 158.

Die Behandlung iſt lebhaft, wenn ſie

mit einer gewiſſen Schnelligkeit eine große
Menge ſolcher Bilder, welche einen hohen
Grad von ſinnlicher Klarheit haben und uns
ſtark beſchäftigen, in uns erweckt: Dahingegen beſchäftiget uns das Träge, Kalte,
Matte in den ſchönen Künſten nicht genug,
ſondern es wird uns deswegen unangenehm,
weil es uns binnen einer gewiſſen Zeit zu wenig Vorſtellungen giebt und dieſe ſelbſt zu wenig Kraft und ſinnliche Klarheit haben.

§. 159.

Der höchſte Grad des Lebhaften heißt das
Feurige. Je größer demnach die Zahl der Bilder, die ein Kunſtwerk binnen einer gewiſſen
Zeit in uns darſtellt und je größer die Klarheit,
mit welcher ſie dargeſtellt werden, iſt, deſto
lebhafter iſt das Kunſtwerk bearbeitet. Will
der Künſtler ſeinem Werke Lebhaftigkeit geben;
ſo vereinigen ſich die Eigenſchaften, welche man
bei ihm vorausgeſetzt, ſämmtlich in Enthuſiasmus.

Anmerk. Der Enthuſiasmus in den ſchönen
Künſten hat Betinelli in ſeiner Schrift hierüber weitläuftig beſchrieben.

§. 160.

Die schönen Wissenschaften geben ferner ih=
ren Vorstellungen Wahrheit, Licht, Kraft
und Reichthum. Die ästhetische Wahr=
heit ist diejenige Beschaffenheit eines
Kunstwerks, nach welcher die Möglich=
keit alles dessen, was sie enthält,
sinnlich erkannt wird. Der Künstler
darf nie etwas vorstellen wollen, dessen Unmög=
lichkeit sinnlich ist und was dem unaufhörlichen
Streben des menschlichen Verstandes, nach
Uebereinstimmung und Wahrheit seiner Vor=
stellungen, zuwider seyn kann.

§. 161.

Es wird dahero bei Nachahmungen wirkli=
cher Gegenstände eine strenge Beobachtung des
Costüm's oder des Ueblichen verlangt, und jede
Abweichung von demselben ist also, als ein Feh=
ler desselben anzusehen; selbst in den Erdich=
tungen muß Wahrheit herrschen, wenn sie ge=
fallen sollen, d. h. ihr Zusammenhang
und die Uebereinstimmung ihrer Theile
muß sich sinnlich wahrnehmen lassen,
und um eben dieser Ursache willen verlangen

wir auch), daß alles in den Werken der Kunst
natürlich und wahrscheinlich, d. h. der wirkli-
chen Welt ähnlich sey. Alles Abentheuer-
liche, Unwahrscheinliche, Gekünstelte,
Gezwungene hingegen verwerfen wir und
halten es für fehlerhaft.

§. 162.

Ob nun gleich das Wahre in den schönen
Künsten vorzüglich, als das Mittel gebraucht
wird, Rührungen und Vergnügen zu erwecken: So steht es doch in einer unmittelbaren
Beziehung auf den Verstand, der zuerst gewon-
nen werden muß, wenn das Herz empfinden
soll, daß man nicht leugnen kann, Uebereinstimmung und Zusammenhang der Kennzeichen
sey eine Absicht, welche die Künste zu befördern
trachten müssen.

§. 163.

Das ästhetische Licht ist die ver-
hältnißmäßig größere sinnliche Vollkommenheit, die man gewissen vorzüglichen Theilen eines Kunstwerks
ertheilt. Die zweckmäßige Anord-

nung, nach der man jedem Theile eines Kunstwerks den Grad von Ausarbeitung giebt, den
er haben muß, wenn das Ganze, den rechten
Eindruck machen soll, nennt man auch mit einem aus der Mahlerei geborgten Ausdruck: —
die Haltung.

§. 164.

Sollten jedoch alle Stücke eines Kunstwerks
gleich vollkommen ausgebildet seyn; so würde
unser eingeschränktes Erkenntnißvermögen durch
die zu große Menge von Vorstellungen überhäuft und ermüdet werden; daher werden manche Theile desselben in Schatten gestellet, d. h.
weniger sorgfältig und genau bearbeitet, damit
die wichtigern Theile einen höhern Grad von
sinnlicher Klarheit erhalten und das Ganze desto
leichter in eine Idee verbunden werden kann.

§. 165.

Die größte Ausführlichkeit und
Klarheit, womit manche Theile bearbeitet sind, heißt auch der ästhetische
Glanz. Daß aber diese weise Vertheilung
des Lichts und des Schattens in einem Kunst-

werke, die das ſicherſte Kennzeichen großer
Künſtler iſt, ſich unmittelbar beziehen, unſerm
Verſtande die möglichſt wichtigen Vorſtellungen
vom Ganzen zu geben und ihn davon zu unterrichten, iſt ſchon aus dem Begriffe dieſer Sache klar.

Anmerk. Man vergleiche Schotts Theorie
der ſchönen Wiſſenſchaften. Th. I. §. 173.
S. 64. ff.

<h2 style="text-align:center">§. 166.</h2>

Unter äſthetiſcher Kraft verſteht man
die ganze Beſchaffenheit eines Werks,
nach welcher es gewiſſe Wirkungen
und Veränderungen in denen hervorbringen kann, die es betrachten. Sind
dieſe Wirkungen Ueberzeugung; ſo iſt dies
die überredende Kraft; beſtehen ſie in
größerer Lebhaftigkeit und Klarheit
der Begriffe; ſo nennt man dieſe Kraft —
erleuchtend; ſind ſie endlich ſtarke Rührungen, ſo heißt dieſe Kraft — bewegend.
Daß die beiden erſten Arten der äſtthetiſchen
Kraft vorzüglich die Vermehrung und Verbeſ

ferung unferer Einfichten zum Endzweck haben,
ift fehr einleuchtend.

§. 167.

Aefthetifcher Reichthum ift diejenige
Befchaffenheit eines Werks, nach
welcher es fo viele Gegenftände in fich
vereinigt, als in einem wohlgeord-
neten Ganzen beifammen ftehen können. Die Gefchicklichkeit einem Kunftwerke
eine folche Vollkommenheit zu geben, heißt — die
äfthetifche Weisheit. Die entgegenge-
fetzten Fehler find auf der einen Seite Tro-
ckenheit und auf der andern Ueberladung
oder äfthetifche Ueppigkeit. Offenbar
ift der nächfte Endzweck des äfthetifchen Reich-
thums diefer, den Verftand mit einer großen
Menge von Vorftellungen zu bereichern, ohne
ihn jedoch zu ermüden, oder zu überhäufen —
und ihn auf eine leichte und angenehme Art zu
belehren.

Anmerk. Man vergleiche hierüber Sulzers
Abhandlung über die Kraft der Energie in den
Werken der fchönen Künfte, in feinen vermifch-
ten philofophifchen Schriften Th. I. S. 122.

§. 168.

§. 168.

Die Kultur eines Volks ist nämlich nur zur Hälfte vollendet, wenn es durch die Wissenschaften blos aufgeklärt ist, weil man bey den richtigsten Einsichten unvollkommen handeln, lasterhaft und also unglücklich seyn kann. Die Ausbildung einer Nation muß ihre Vollendung von den schönen Künsten erwarten, wodurch jene Einsichten des Verstandes zu einer Angelegenheit des Herzens und zu einer Quelle dauerhafter Glückseligkeit gemacht werden: da nun dies ihre Absicht ist; so erscheinen sie uns in ihrer wahren Würde, als Wohlthäterinn der Welt.

§. 169.

Sobald also die Kultur des menschlichen Geschlechts und alle unsere Kräfte den hohen Grad, den sie nur erreichen können, erreichen sollen: So haben die schönen Künste von dieser Seite betrachtet den genauesten Zusammenhang, der ihnen einen außerordentlichen Werth giebt und sie der menschlichen Wohlfahrt völlig unentbehrlich macht; und hieraus gehet denn

K

auch hervor, worinn der wahre Beruf eines
Künſtlers beſteht und worauf er zu arbeiten hat,
wenn er die Künſte nicht entweihn und der
menſchlichen Geſellſchaft ſchädlich werden will.

§. 170.

Alles alſo, was dem Gefühle für das wahre Schöne und Gute nachtheilig ſeyn und
ſchwächen oder gar unterdrücken könnte, iſt ſeiner unwürdig, weil es die letzte und höchſte Abſicht ſeyn muß, dieſes Gefühl zu ſtärken und immer richtiger zu machen: Alles, was ſittliche
Unvollkommenheit geradezu befördert und dem
Laſter Reize und Annehmlichkeit giebt,
iſt der Beſtimmung des Künſtlers völlig entge-
gen und wenn ein Kunſtwerk, das in dieſer
Abſicht gemacht iſt, auch den höchſten Grad
von ſinnlicher Vollkommenheit hätte; ſo wird
es doch, als ein Verbrechen anzuſehen ſeyn,
wofür der Künſtler ſelbſt dem Staate umſo
mehr, jemehr er dazu beigetragen hätte, die
Sitten zu vergiften und dadurch der allgemeinen Glückſeligkeit nachtheilig zu werden, ver-
antwortlich bleiben. Man behauptet dahero

nicht ohne Grund, daß eigene sittliche Bildung
des Künstlers selbst die Darstellung des Schönen gar sehr erleichtert und in gewisser Rücksicht dazu höchst nöthig sey.

Anmerk. Heyne hat dies in einer eignen Abhandlung zu erweisen gesucht, die in seinen
opusc. acad. vol. I. die erste ist.

§. 171.

Da endlich die schönen Künste einen so mächti-
gen Einfluß nicht nur auf die allgemeine Glückseligkeit, sondern auch auf die Sitten und Gesinnungen der Bürger haben; so können dieselben, aus diesem Gesichtspunkte betrachtet, für
die bürgerliche Gesetzgebung nicht gleichgültig
seyn, vielmehr verdienen sie deren ganze Aufmerksamkeit, denn sie können in den Händen
leichtsinniger Künstler ein Gift, das dem ganzen Staatskörper anstecken kann, werden.

Anmerk. Es ist eines der vorzüglichsten Verdienste, um welches sich in neuern Zeiten Sulzer verdient gemacht hat, daß er diese wichtige
Seite der schönen Künste hervorgezogen und
die Welt vom Neuen darauf aufmerksam ge-

macht hat. Unter den Alten hat Plato in seinen Büchern: De republica et legibus dieses
schon gethan, jedoch nicht so zusammenhangend
wie Sulzer in seiner Theorie. Hirzels Bemerkung im 2ten Theil seiner Biographie. Sulzers. S. 161. ff. und Heyne in den opusc.
acad. Vol. I. p. 66. sq.

———————

www.ingramcontent.com/pod-product-compliance
Lightning Source LLC
Chambersburg PA
CBHW021810190326

41518CB00007B/534